Carl-Auer

Wahrscheinlichkeit und Wissenschaft

George Spencer-Brown

Aus dem Englischen übersetzt von Hans Günter Holl
Herausgegeben von Hans Rudi Fischer

Zweite Auflage, 2008

Satz: Paul Richardson
Umschlaggestaltung: Goebel/Riemer
Printed in the Netherlands
Druck und Bindung: Koninklijke Wöhrmann, Zutphen

Zweite Auflage, 2008
ISBN 978-3-89670-626-3

Die Originalausgabe dieses Buches ist unter dem Titel
„Probability and Scientific Inference"
bei Longmans, Green & Co. Ltd, London erschienen.

Bibliografische Information der Deutschen Nationalbibliothek
Die Deutsche Nationalbibliothek verzeichnet diese Publikation in der
Deutschen Nationalbibliografie; detaillierte bibliografische Daten sind im
Internet über http://dnb.d-nb.de abrufbar.

Informationen zu unserem gesamten Programm, unseren Autoren
und zum Verlag finden Sie unter: **www.carl-auer.de.**

Wenn Sie unseren Newsletter zu aktuellen Neuerscheinungen
und anderen Neuigkeiten abonnieren möchten, schicken Sie
einfach eine leere E-Mail an: **carl-auer-info-on@carl-auer.de.**

Carl-Auer Verlag
Häusserstraße 14
69115 Heidelberg
Tel. 0 62 21-64 38 0
Fax 0 62 21-64 38 22
E-Mail: info@carl-auer.de

Inhalt

Vorwort zur deutschen Ausgabe

In seinem inzwischen zum Klassiker avancierten Buch *Laws of Form* (1969) entwickelte George Spencer-Brown einen Kalkül, der die formale Bewältigung der Selbstreferenz in der Logik leistet. In diesem Indikationskalkül wird der Akt der Unterscheidung („Draw a distinction!") zur grundlegenden Operation aller beschreibbaren Relationen gemacht.

In *Probability and Scientific Inference,* das hier erstmals in deutscher Übersetzung vorliegt, geht Spencer-Brown von der alltäglichen Vorstellung der „realen Welt" aus und zeigt, daß der Beobachter über die Grundoperationen der Unterscheidung eine solche unabhängige Welt erschafft. Unser von der griechischen Tradition geprägter Begriff des Wissens – im Umfeld der Lichtmetaphorik entstanden (wissen lat. *novi, nosco* bzw. griech. *ειδεναι*: heißt „gesehen haben") – nimmt auf die visuelle Wahrnehmung Bezug. Wir haben ein Wissen von etwas, wenn wir es *gesehen haben* und von daher nicht noch einmal hinschauen müssen. Dieses Verständnis von Wissen impliziert also die Nichtveränderung des beobachteten Objektes. Von daher leitet sich auch das Ziel abendländischer Wissenschaft ab, das Sein zu erkennen, indem man auf das Unveränderliche fokussiert und Konstanten aufzudecken sucht. Die Realität als der Bereich, dem wir wirkliches Sein zuschreiben, hängt von daher von unserer Erwartung ab, daß das Beobachtete sich *nicht* verändert. Über diesen Begriff der Erwartung entwickelt Spencer-Brown den Zusammenhang zu den Begriffen der Wahrscheinlichkeit, der Induktion und den Problemen der Induktionslogik. Der Kern des Buches führt zu den metaphysischen Knoten im Begriff der Wahrscheinlichkeit, der im neuzeitlichen Wissenschaftsverständnis eine zentrale Position einnimmt. Spencer-Brown deckt Widersprüche und Paradoxien in wissenschaftlichen Methoden auf, die sich auf die Idee der Wahrscheinlichkeit stützen; hier hat das Buch selbst 40 Jahre nach seiner Erstveröffentlichung nichts an Brisanz und Aktualität verloren.

Wahrscheinlichkeit und Wissenschaft wurde aus dem Englischen von Hans Günther Holl übersetzt. Überall dort, wo sich die Terminologie zwischenzeitlich verändert hat, wurde in Fußnoten darauf aufmerksam gemacht.

Bei Günther Emlein, Universität Mainz, möchte ich mich für das Überprüfen der Fußnoten bedanken.

Prof. Matthias Varga von Kibéd und Dr. Manfred Schramm (beide München) haben die mathematischen und logischen Passagen Korrektur gelesen und wertvolle Hinweise für manche Anmerkung gegeben. Dafür sei ihnen herzlich gedankt.

Hans Rudi Fischer
Heidelberg, im August 1996

Vorwort

Manchmal heißt es, Philosophen trieben Haarspaltereien mit keinem anderen Zweck als dem, die dafür erforderliche Disziplin zu üben – wobei oft unbeachtet bleibt, daß sich die größten Fortschritte im wissenschaftlichen und sonstigen Denken gerade dem Gebrauch dieser Disziplin verdanken. Zu philosophieren bedeutet aber, kurz gesagt, Aussagen an dem zu prüfen, was wir sehen, und deshalb sollten wir solche kritischen Betrachtungen immer dann anstellen, wenn wir zu argwöhnen beginnen, daß unsere Aussagen den Blick verzerren oder trüben.

Ein wohlbekanntes Beispiel für die sprachbedingte Trübung liefert Newton mit seinem mechanischen Grundbegriff der Gleichzeitigkeit. So konnte Einstein seine Mechanik in die beste Tradition stellen, indem er dieses Konzept gleich zu Beginn analytisch auflöste.

Wiewohl kein Begriff unzerstörbar ist, liegt nicht immer auf der Hand, welche Begriffe man zerstören sollte. Mir geht es hier darum, einem obskuren Begriff den Garaus zu machen, der, wie ich meine, gewisse ansonsten klar einsichtige Beobachtungstatsachen heillos verzerrt und verschleiert hat.

Unter dem Eindruck der neueren Erkenntnis, daß keine Einzelgruppe metaphysischer Grundsätze für die Verständigung unabdingbar ist, verfielen manche Philosophen auf den Trugschluß, wir könnten uns ohne jede Metaphysik verständigen. Einem analogen Irrtum saß auch Locke auf, als er annahm, da wir die »primären Qualitäten« nicht mit einem spezifischen Sinnesorgan wahrnähmen, müsse die Materie zwangsläufig sinnesunabhängige Eigenschaften besitzen. Auch wenn die Einsicht, daß kein metaphysisches Einzelsystem notwendig ist, zu den größten Entdeckungen seit zwei Jahrtausenden gehört, wenn nicht gar die größte ist, wäre es schlicht verkehrt, ihnen allen jegliche Notwendigkeit abzusprechen.

Im Umfeld der Wahrscheinlichkeit gilt es, ein altes metaphysisches System durch ein neues abzulösen. Dafür muß man erstens zeigen, wo frühere Voraussetzungen unangemessen waren, um zweitens bessere zu entwickeln. Obwohl beide Aufgaben sehr wichtig sind, erscheint es mir nicht ratsam, sie gleichzeitig anzugehen. Letzten Endes hängt der wissenschaftliche Fortschritt davon ab, die gebildete Meinung zu fördern, und aus der Humanbiologie wissen wir, daß die Meinung, wie gebildet sie auch sein mag, nicht zu viele Schritte auf einmal bewältigen kann.

Daher verfolgt dieses Buch vor allem analytische Ziele. Zwar habe ich angedeutet, wie die Synthese zu erfolgen hätte, sie aber nicht vollzogen. Das wird, wenn die Umstände es zulassen, mein nächstes Projekt sein. Wer jedoch ungeduldig ist, muß mir nur bis zum Ende dieses Buches folgen und wird dann in der Lage sein, die Synthese selbst vorzunehmen.

Mir wurde vorgeworfen, daß ich meine Befunde aus der Erforschung von Zufallszahlen bisher nicht veröffentlicht habe. Schuld daran war zunächst eine Krankheit, nach der ich vor allem herausfinden wollte, *warum* gewisse Dinge geschahen, ohne jemanden *von den Fakten selbst* überzeugen zu wollen. Ich hoffe, meine Kollegen werden mir diese leichte Abweichung von der gängigen Praxis verzeihen. Doch zu meiner Rechtfertigung möchte ich auch betonen, daß meine 1953 erstmals veröffentlichte These eine wissenschaftliche Voraussage, also öffentlicher Besitz war. Seitdem kann sie jeder, der bereit ist, ein paar Wochen mit Abzählen zu verbringen, bestätigen oder widerlegen. Vielleicht wäre die Prognose nicht auf so frappierende Weise von einem ziemlich feindseligen Kritiker untermauert worden, hätte ich die Einzelheiten anfangs nicht zurückgehalten.

Als ich auf Orams Kritik erwiderte, plante ich noch, die Resultate meiner Zählungen an den Tippett-Tabellen zu veröffentlichen. Heute beabsichtige ich das nicht mehr, denn obwohl sie in gewisser Weise eindrucksvoller sind als die übrigen, wissen wir inzwischen, *warum* solche Ergebnisse herauskommen, müssen also nicht mehr durch stets wiederholte ähnliche Fälle beweisen, *daß* sie auftreten. Jedenfalls dürften die Feststellungen unabhängiger Kritiker mehr ins Gewicht fallen als meine eigenen.

Wer schon mit Zufallsgeneratoren gearbeitet hat, weiß ja, daß man kaum umhin kann, in ihren Abläufen gewisse Eigenarten zu bemerken, die wir nur deshalb nicht als »nicht zufällig« beschrieben, weil uns die klassische Wahrscheinlichkeitstheorie keinen Platz dafür bot. Auch wenn die Maschine etwas sichtlich Unwahrscheinliches machte, bezog niemand es darauf, daß sie *logisch gesehen* gar nicht anders kann.

Viele Freunde haben zu diesem Buch beigetragen. Einige davon habe ich schon im Text erwähnt, doch anderen, die dort vielleicht nicht genannt sind, bin ich nicht minder dankbar: Sir Ronald Fisher für die frühe Anregung und Professor A. C. Hardy, der mir ermöglichte, in seiner Fakultät an dieser Studie zu arbeiten; Eileen J. Garrett von der *Parapsychology Foundation Incorporated* und K. M. Goldney von der *Society for Psychical Research* für großzügige praktische Hilfe, obwohl meine Ansichten zunehmend von den Traditionen ihrer Disziplin abwichen; Robin Farquharson und meinem Doktorvater W. C. Kneale, mit denen ich viele der hier dargestellten Ideen erörtert und geklärt habe; sowie Handel Davies und Garry Arnott, die einen Teil der Algebra prüften.

Schließlich möchte ich dem *Governing Body of Christ Church* danken, dessen Gastfreundschaft es mir ermöglichte, die geleistete Arbeit schriftlich umzusetzen und zu veröffentlichen.

George Spencer-Brown
Oxford, Dezember 1956

Die These des zehnten Kapitels wurde ursprünglich im September 1954 bei den Sektionen Mathematik und Psychologie der *British Association* vorgetragen. Ich danke den Veranstaltern für ihre Anregung, sie in eine publizierbare Form zu bringen. Der Grundzug des vierzehnten Kapitels geht auf ein Referat für das *Third London Symposium on Information Theory* zurück, die erneute Verwendung der Argumentation erfolgt mit freundlicher Genehmigung des Verlages Butterworth & Co. Ich danke auch dem Herausgeber des *Journal of the Society for Psychical Research* und A. T. Oram für die Genehmigung, den Aufsatz „An Experiment with Random Numbers“ und die anschließenden Leserbriefe hier abzudrucken.

1. Die reale Welt

Wir unterscheiden zwischen leibhaftigen Menschen und Romanfiguren, zwischen tatsächlichen und geträumten Ereignissen, zwischen echten und Spielzeugsoldaten, zwischen lebendigen Sprachen und Esperanto. Auch grenzen wir die reale Welt der Realität von den mannigfachen Formen des Irrealen ab, die jene Roman-, Ersatz-, Spielzeug- oder Traumwelten einschließen. Aufgrund einer entsprechenden Konvention setzt das Adjektiv „real" irgendwie Sein voraus, wogegen irreale Welten nicht existieren sollen. Das ist offenbar widersprüchlich, denn weder können wir annehmen, daß normale Menschen die Existenz von Substituten, Spielzeug, Träumen oder Romanen leugnen möchten, noch können wir ihnen unterstellen, sich an Erscheinungen halten zu wollen. Die Verwirrung ergibt sich, weil das Adverb „realiter" doppelwertig ist. Die Aussage „Was bloß erscheint, existiert nicht realiter" ist tautologisch, sofern „realiter" ihren Existenzmodus bestimmen soll, da bloße Erscheinungen ebenso wenig *real* sind, wie Kreise als Quadrate existieren. Allerdings kann „realiter" sowohl stark als auch schwach gemeint sein und betont als vorangestellte Abschwächung nur das „nicht". Mit einem schlichteren Wort käme das Problem gar nicht erst auf. Wir unterscheiden mühelos zwischen der Tautologie „Komplikationen entstehen nicht einfach" und der nichttautologischen Lüge „Komplikationen entstehen einfach nicht". Wenn man die Nichtexistenz des Irrealen annimmt, so ist daran also bloß ein logisches Wortspiel schuld.

Denken wir uns ein Unternehmen, das Spielzeugmäuse herstellt und die besten Fachleute beschäftigt, um seine Produkte dem lebenden Tier möglichst ähnlich zu machen. Nach jahrelanger Arbeit gelingt es diesen, Spielzeugmäuse herzustellen, die in jeder Hinsicht von den echten ununterscheidbar sind. Sie laufen herum, pflanzen sich fort und fressen Käse – genau wie richtige Mäuse auch. Sie machen mit anderen Worten alles, was man von ihnen *erwartet*, und erlangen dadurch Realität. Nach Ockhams „Rasiermesserprinzip"* gilt nämlich: Sofern eine Täuschung gut genug ist, um echt sein zu können, muß sie tatsächlich echt sein.

Stellen wir uns nun im Gegenteil vor, daß echte Mäuse zu Automaten entarten, allerdings so langsam, daß sie das Wort „Maus" mitführen können. Zwar dürften sich einige ältere Zoologen abfällig darüber äußern, daß man Mäuse in ihrer Jugend noch nicht aufziehen mußte, aber die meisten würden die Automaten, selbst wenn solche Märchen sie überzeugten, aus Bequemlichkeit weiter „Mäuse" nennen, und die jüngere Generation wüßte es einfach nicht besser.

In beiden Beispielen hängt die Realität von der Erwartung ab. Wenn eine Maus macht, was wir an sich von Mäusen erwarten, dann ist sie echt; doch zum Erwarteten kann es nur kommen, wenn das Beobachtete unverändert bleibt. Erschiene eine Maus grundlegend in Größe, Form und Farbe verändert, sooft wir sie sähen, dann könnten wir sie gar nicht benennen. Dergleichen mag sogar für gewisse Dinge zutreffen, wenn wir von der üblichen Verwendung des Begriffs „Ding" absehen; allerdings könnten sie nicht real sein, weil sie niemals tun, was wir erwarten, sich also zu oft oder zu schnell verändern. Unsere Maus hingegen entartet langsam genug, um Erwartungen zu nähren, verändert sich nicht merklich von Stunde zu Stunde oder von Tag zu Tag, sondern bleibt gerade durch die Lang-

* Mit William von Ockhams Rasiermesser spielt Spencer-Brown auf die Maxime „Entia non sunt multiplicanda praeter necessitatem" des mittelalterlichen Philosophen (1285–1349) an. Mit der Devise, daß man mit möglichst wenig Entitäten auskommen und ihre Anzahl nur vermehren sollte, wenn es unbedingt nötig ist, bezieht Ockham eine nominalistische Position im sogenannten Universalienstreit. Dabei geht es um die Frage, ob Allgemeinbegriffen („Universalien") wie zum Beispiel *frei, rot, grün* etc. eine ebenso allgemeine Entität in der Realität entspricht oder ob es nur Einzeldinge gibt. Nominalisten wie Ockham schreiben dem Allgemeinen keine Wirklichkeit zu, für sie gibt es nur Einzelnes, und Allgemeinbegriffe sind bloße „Namen" oder „Begriffe", die durch Abstraktion gewonnen werden, denen aber keine Realität entspricht. Ockhams Rasiermesser ist von daher der Versuch, die Ontologie als den Bereich von Entitäten, auf die sich Begriffe beziehen, zu vereinfachen und von überflüssigen Entitäten freizuhalten, so daß keine unnötigen „Gegenstände" (wie Freiheit etc.) postuliert werden. (Anm. d. dt. Hrsg.)

samkeit ihres Wandels real. Auch wenn die Realität der Phänomene an sich von ihrer Erwartbarkeit abhängt, steht diese im umgekehrten Verhältnis zu ihrer Veränderungsrate.

Da die Wissenschaft anstrebt, Konstanten aufzudecken, erforscht sie das Unveränderte. Wenn ich aus meiner Mansarde eine Bombe abwerfe, so fällt sie mit wachsendem Tempo zu Boden. Diese Tempoveränderung ist dem Wissenschaftler ein Greuel. Er ruht nicht, bevor er einen Weg gefunden hat, sie als konstant darzustellen. Im genannten Fall muß er nicht lange suchen. Die Geschwindigkeit der Bombe mag sich verändern, aber die Veränderungsrate (oder Beschleunigung) bleibt gleich, die Konstante 9,80665 m/s^2 beschreibt nicht nur den Fall *meiner* Bombe, sondern den *aller* in Erdnähe abgeworfenen.

Schon nach kurzem Nachdenken erkennen wir jedoch, daß die Funktion 9,80665 m/s^2 nicht *absolut* konstant sein kann, denn die Erde fängt Meteoriten und interstellaren Staub auf, so daß ihre Masse langsam wächst. Daher können wir erwarten, daß die Fallbeschleunigung g im Lauf der Zeit zunimmt. Doch auch wenn wir ihre Steigerung im Sinne einer weiteren „Konstante" formalisieren würden, dürften wir nicht annehmen, daß diese unverändert bliebe. So endete unser Bestreben, die Fallbeschleunigung endgültig und vollkommen zu beschreiben, in einem Regreß.

Es mag so erscheinen, als ließe sich der Regreß durch die Prämisse vermeiden, daß alle Aussagen, in denen der Begriff g vorkommt, von gegebenen Massen, Distanzen und sonstigen als „relevant" bekannten Größen abhängen. In Kenntnis aller relevanten Faktoren könnten wir dann eine zuverlässige Konstante formulieren. Das jedoch wäre eine rein sprachliche Sicht des Problems, obwohl jede experimentell oder empirisch erzwungene Abwandlung der Konstante darauf zurückgeführt werden könnte, daß wir die *relevanten* Bedingungen, unter denen sie zu beobachten wäre, falsch eingeschätzt haben. Es gäbe mit anderen Worten zwar stets eine „wahre" Konstante, der unsere Beobachtungen zuneigten; wenn wir aber meinten, sie gefunden zu haben, entpuppte sie sich faktisch jedesmal als eine bloße Annäherung.

In der Philosophie spricht man bei einer solchen Betrachtungsweise vom „Ding an sich" oder von der „Realität hinter der Erscheinung". Daher könnte man sie als „die Konstante hinter der Approximation" bezeichnen – eine Prämisse, die tatsächlich zur wissenschaftlichen Einstellung gehört und deren Tauglichkeit für gewisse Zwecke auch nach wie vor unbestritten ist. Auf ihren Nutzen werden wir später eingehen. Zunächst sei jedoch betont, daß wir mit „Naturgesetzen“ lediglich Strukturen beschreiben und darstellen, die sich äußerst langsam verändern. Allerdings haben wir keine Belege dafür, daß es irgendwelche Strukturen gibt, die sich überhaupt nicht verändern.

2. Welten und Modelle

Wer einmal kein ausgeklügelter moderner, sondern ein altmodischer Philosoph sein möchte, kann bald gar nicht genug darüber staunen, daß es überhaupt Welten gibt, vor allem bezogen auf mystische, wissenschaftliche, soziale oder historische Realitäten, von denen keine einzige notwendig erscheint. (Es ist kein logischer Widerspruch anzunehmen, daß sie anders sind, als wir sie faktisch vorfinden.) Wählen wir etwa die astronomische Welt.

Den Rahmen bildet eine Art feiner Raum, geplagt von kugelförmigen Körpern, die sich durch ihn bewegen. Auf der Oberfläche mindestens eines der Planeten kriechen Lebewesen herum, die überwiegend damit befaßt sind, einander aufzufressen und so weiter. „Aber das ist ja abscheulich!" denken wir. „Es hätte doch *irgend etwas* anderes sein können." Also gut, probieren wir es mit etwas anderem.

Am besten beginnen wir mit einem Katalog guter Eigenschaften, die ein Universum haben müßte: Für seriös gesonnene Menschen sollte es vermutlich real und zudem weder moralisch noch ästhetisch anstößig sein, weshalb wir eine symmetrische Gestaltung bevorzugen dürften. Dem entspräche etwa eine absolute Leere. Niemand könnte sagen, daß ein solches Nichts-Universum irgendwie anstößig wäre, und außerdem hätte es den Vorteil, hochgradig symmetrisch zu sein. Hinzu kommt zweifellos, daß dieses Universum unter allen, die wir konstruieren könnten, als einziges wahrhaft unveränderlich und damit vermutlich ungeheuer real wäre. Leider scheiterte seine Realität jedoch daran, daß nach Fertigstellung niemand da wäre, um es zu erwarten, womit das ansonsten so wünschenswerte Nichts-Universum einen peinlichen Makel hätte. Versuchen wir es also mit einem anderen.

Genauso symmetrisch wäre vielleicht ein stabiles Alles-Universum. Schwer und gediegen, auf Haltbarkeit gebaut, enthielte es wie das Nichts-Universum keine irrealen Aspekte. Nur wäre es bei einem so prall mit allem angefüllten Universum schwierig, irgend etwas zu unterscheiden. Zum Beispiel verhinderte seine Dichte, sich darin zu bewegen, womit es auch schwerfiele, objektive von subjektiven Phänomenen abzugrenzen.

Die Welt, in der wir leben, scheint irgendwo zwischen den beiden Extremen zu liegen, gleich einem Alles-Universum, in dem es uns gnädigerweise erspart bleibt, alles auf einmal bemerken zu müssen. In dieser Welt könnte man Beobachtungen als Parallelentwicklungen zwischen Beobachter und Beobachtetem auffassen. Wenn ich also den Schreibtisch vor mir als dauerhaft bezeichne, wäre meine Aussage – Wilhelm von Ockham möge mir verzeihen – derart interpretierbar, daß er sich genauso oft verändert wie ich. Schrumpften wir beide, mein Schreibtisch und ich, plötzlich auf halbe Größe, während der Rest des Raumes eigensinnig gleich bliebe, wüßte ich anfangs vielleicht nicht zu beurteilen, ob ich verkleinert oder das Zimmer vergrößert wurde.

Was wir jeweils bemerken, läßt sich plausibel darauf zurückführen, wie und besonders wie schnell wir selbst uns verändern können. Zum Beispiel bemerken wir Dinge, die sich bestenfalls genauso langsam, in der Regel jedoch keine, die sich erheblich schneller verändern als wir. Je schneller wir uns wandeln, desto mehr können wir also bemerken.

Filmen wir etwa eine Pflanze mit einem Bild pro Minute und führen den Film dann auf dreißig Bilder pro Sekunde beschleunigt vor, so scheint sich die Pflanze wie ein Tier zu verhalten. Sie nimmt die Vorgänge in der Nähe eindeutig wahr und reagiert darauf, ist also offenbar ein empfindungsfähiges Wesen. Trotzdem erscheint sie uns gewöhnlich nicht bewußt. Warum? Die Lösung liegt vielleicht darin, daß sie zu langsam denkt. Andere Wesen, die tausendachthundert Mal schneller reagierten als wir, würden auch uns als schier unbewußte Pflanzen betrachten, wozu sie sogar allen Grund hätten, da uns ihr Verhalten normalerweise nicht bewußt wäre. Kurze, von Zeit zu Zeit aufblitzende Eindrücke hätten nichts zu bedeuten. Ein Baum bemerkt mein Vorübergehen ebenso wenig, wie ich eine an mir vorbeisausende Kugel sehe. Zwar mag ich gewisse Nachwirkungen der Kugel erleiden, etwa einen gebrochenen Arm, genau wie der Baum, wenn ich gewaltsam genug vorbeimarschierte, einen gebrochenen Ast zurückbehielte. Was aber für einen Baum rasend schnell ist, das erscheint mir langsam, ja langweilig, während mein normales Tempo für einen Baum geradezu jenseitig wirken muß.

Wir dürfen Bäumen jedoch nicht so voreilig Denken oder Bewußtsein zusprechen und müssen bei genauerem Hinsehen sogar bezweifeln, daß sie überhaupt denken, wiewohl es scheint, als empfänden sie – ohne das Wort übermäßig zu strapazieren. Setzen wir eine Katze in einen von innen zu öffnenden Käfig, dann macht sie dort überall so lange scheinbar planlose Bewegungen, bis sie zufällig den Hebel umgelegt hat. Ein Mensch oder sogar Affe würde zwar in einer ähnlichen Lage anfangs ein paar planlose Bewegungen vollführen, sich dann aber in eine Ecke zurückziehen, um „nachzudenken". Danach könnte er direkt auf den Hebel zugehen und den Käfig öffnen. Doch wir stellen fest, daß bei erneuten Experimenten auch die Katze direkt zum Hebel geht und sich genauso schnell befreit wie der Mensch. Was abweicht, ist allein das Anfangsverhalten.

Die Differenz erklären wir damit, daß Menschen wie auch Affen das Problem, anders als die Katze, „erkennen". Statt zu denken, bewege sich die Katze planlos, bis etwas Günstiges geschehe. Insofern könnten wir sagen, ihr sei das Problem nicht hinreichend *bewußt*, um über eine Lösung *nachzudenken*. Doch was ist dieses Nachdenken?

Psychologen behaupten, Schwierigkeiten würden gelöst, indem man im Inneren eine Art Arbeitsmodell konstruiert, um dieses dann wie die Schwierigkeit selbst zu behandeln. Zum Beispiel erzeuge der Mensch im Käfig ein geistiges Modell, um daran genauso zu experimentieren wie die Katze am faktischen Käfig. Dadurch befinde sich der Mensch gegenüber der Katze eindeutig im Vorteil, denn er könne mit etwas Kleinem, Handlichem experimentieren und sei daher schneller fertig als die Katze mit dem ziemlich großen, sperrigen äußeren Original. Doch wir haben keine Beweise dafür, daß sich die Verhältnisse auch in anderer Hinsicht unterscheiden. So gibt es keinen Grund für die Annahme, daß der Mensch an seinem geistigen Modell weniger planlos experimentiert als die Katze am Käfig. Um etwa eine Rechenmaschine zu planen, die Schach spielt, brauchen wir eine Art „Randomisator" oder „Abtaster", über den sie mit dem ihr eingegebenen Modellschach experimentieren kann. Falls wir das darunter verstehen, könnte die Maschine eindeutig „denken". Auch muß sie der speziellen Probleme, die zu lösen sie entworfen wurde, *bewußt* sein. Doch wenngleich sie bewußt ist, kann sie sehr wahrscheinlich nicht *fühlen*.

Offenbar gelten diese Bemerkungen nicht für Bäume, selbst wenn wir sie noch so stark aufputschen. Mögen Bäume so rasch reagieren, daß wir ihnen Empfindungen nachsagen könnten: Es spräche dennoch wenig dafür, daß sie jemals über Alternativen nachdenken. Zudem scheinen sie keine Modelle zu entwerfen. Genau wie etwa Quallen wären Bäume eindeutig empfindungsfähige, wahrscheinlich jedoch keine bewußten Wesen.

Mit etwas Einsicht hängt das Maß der späteren Erkenntnis also davon ab, wie rasch wir uns bewegen und reagieren können. Eine sehr flinke Katze hätte den Käfig schneller offen, als wir eine Lösung erdenken könnten. Ein unendlich schnelles Wesen wüßte alles, weil sich aus seiner Sicht nichts bewegte, und hätte unendlich viel Zeit zu lernen. Dürfte es außerdem selbst Partikel des Universums bewegen, so wäre es nicht nur allwissend, sondern auch allmächtig, denn es hätte beliebig viel Zeit, an den Dingen herumzuwerkeln.

Wie wir sahen, strebt die Naturwissenschaft an, Veränderungen auf unabänderliche Formeln zu bringen. Zwar findet man solche Formeln überall dort, wo sich *etwas verändert hat*, sie gelten jedoch nicht immer für die Zukunft. Wenn sich die Veränderung selbst verändert, brauchen wir neue Formeln.

Nun befaßt sich die Wissenschaft keineswegs mit allem, was gleich bleibt. So gilt es oft von vornherein als selbstverständlich, daß sich gewisse Beobachtungen nicht verändern. Wissenschaftlern geht es nicht um das Unveränderliche, sondern darum, das Veränderliche unabänderlich zu beschreiben. Sie suchen sogar nach Wandel, um zu beweisen, daß sie ihn in eine Formel bannen können.

Nicht unmittelbar offenkundige Formen der Veränderung lassen sich meist verdeutlichen, indem man sie verlangsamt, beschleunigt oder der normalen Wahrnehmung des Wissenschaftlers mit anderen Methoden nahebringt. Diese „Aufbereitung“ folgt einfachen Regeln. Außer der Veränderungsrate läßt sich die Größe einstellen. Das zu Große wird verkleinert, das zu Kleine vergrößert. Wir haben stark verminderte Modelle etwa des Sonnensystems, haben Karten der Erdoberfläche im Maßstab von einem Zentimeter zu einem Kilometer, haben Mikroskope und Teleskope, um zu vergrößern, was ansonsten im Gesichtsfeld zu klein wäre. Außerdem können wir Komplexität reduzieren, was zu den Aufgaben der Statistik gehört; manchmal komplizieren wir sogar das zu Einfache. Zum Beispiel könnte man manche Erklärungen Freuds für sehr schlichte Verhaltensweisen als überkompliziert ansehen. Diese Aufbereitung – simple Arbeitsmodelle der richtigen Größe zu bauen, die im geeigneten Tempo laufen – leistet dem Denken „erste Hilfe", ist ihm vielleicht sogar wesentlich. Jedenfalls ist es typisch für *Experten* aller Art, ihr Feld geschickt aufzubereiten.

Damit können wir nun zwischen den Aufgaben des Historikers und des Naturwissenschaftlers abgrenzen. Wie gesehen, will letzterer noch im Fluß befindliche Phänomene auf unabänderliche Weise darstellen, während ersterer nur solche Veränderungen aufzeichnet, die bereits abgeschlossen sind. Der Historiker sucht keine Formel, die von nun an immerdar gelten soll, denn fände er sie, so wären alle Berichte überflüssig, womit er seine Stellung verlöre. Nicht die Geschichte wiederholt sich, sondern die Wissenschaft: Anfangs verschafft sich der Wissenschaftler einen Überblick über die Vielfalt des Wandels, um so viel wie möglich davon in Formeln zu bannen. Geschichte ist das, was übrig bleibt, nachdem der Wissenschaftler seinen Anteil bekommen hat.

Daher ist Geschichte zwar grundlegender als Wissenschaft – nämlich unsere erste Würdigung der Dinge – aber nicht dringlich: Was sich wie die Vergangenheit nicht mehr verändert, ist damit ungefährlich, kann uns als solches nicht schaden. Vor allem, was sich verändert, haben wir uns jedoch zu hüten. Um uns darauf einstellen zu können, müssen unsere Sinne es rasch genug erfassen. Das Facettenauge der Stubenfliege eignet sich besonders dafür, Bewegungen wahrzunehmen, ruhende Gegenstände stellt sein komplexes Bild dagegen ungenügend dar. Eine Fliege mißachtet, was sich nicht bewegt, weil es ihr in der Regel nichts anhaben kann. Genau deshalb ist Fliegenpapier so wirksam. Das Überleben der meisten Tiere hängt davon ab, daß sie Bewegungen wahrnehmen und verstehen können. „Salutiere allem, was sich bewegt" lautet ein biologischer Imperativ, der nicht bloß auf dem Achterdeck gilt.

Die Wissenschaft läuft der Geschichte immer hinterher, da auf jede wiederholbare Beobachtung zahllose andere kommen. Wie die Natur in der Wissenschaft gesetzmäßig erscheint, so stellt die Historie sie als ein Chaos dar. Zwar basteln Wissenschaftler ebenso Modelle von Fakten wie Historiker, wir werden aber gleich sehen, wodurch diese sich voneinander unterscheiden.

Falls wir eine gelbe Flamme und weißen, ätzenden Rauch als Modell für „$4Na + O_2 \rightarrow 2Na_2O$“ ausgäben, würde gewiß jemand einwenden, das sei genau falsch herum. Wir sollten vielmehr umgekehrt sagen, die Formel sei das Symbol oder Modell für die Verbrennung von Natrium. Doch wissen wir immer so genau wie hier, was als Modell dient? Man könnte zum Beispiel erklären, daß die Voltspannung dem Wasserdruck entspricht, doch wer sich in der Elektrizität viel besser auskennt als in der Hydrostatik, wird eher den in Flüssigkeiten herrschenden Druck über die Idee der Voltspannung begreifen. Was Modell und was Original ist, hängt vom Standpunkt ab. Eine Landkarte im Maßstab 1 : 1 000 000 ist ein Modell für einen Teil der Erdoberfläche, doch wie wäre es bei einem Maßstab von 1 : 1 oder, schlimmer noch, 10 : 1? Oder wenn jemand ein völlig maßstabgetreues Modell einer Fliege in einem Zehntel der natürlichen Größe vorlegte? Sooft es uns paßt, benutzen wir einen Aspekt der Natur modellhaft oder symbolisch, um damit andere zu erklären. Ein Mango schmeckt so ähnlich wie ein Pfirsich und umgekehrt, ohne daß dabei ein Geschmack der grundlegende wäre. Bei etwas Neuem fragen wir: „Womit kann man es *vergleichen*?“ Falls wir kein passendes natürliches Modell zur Hand haben, konstruieren wir eines. Natürliche Vorbilder werden oft Analogien genannt, doch konstruierte heißen Erklärungen, Theorien oder Modelle. Bei keinem dieser Verfahren besteht eine starre einseitige Beziehung zwischen Modell und Original, Symbol und Symbolisiertem: Beides kann beides sein. *„Wir machen uns Bilder der Tatsachen.“ – „Das Bild ist eine Tatsache.“**

Überdies unterscheiden sich Modelle, die wir vollständig „im Kopf“ haben, nicht wesentlich von ganz oder teilweise externen. Gibt uns eine Verkäuferin auf zehn Mark heraus, so mag sie dabei ein Modell von Markstücken, Fünfzigern, Groschen und so fort vor Augen haben, das Problem mit „geistiger Arithmetik“ lösen und dann das passende Wechselgeld heraussuchen. Alternativ könnte sie auch mit Bleistift und Papier rechnen. Allerdings wäre das nichts

* Hier zitiert Spencer-Brown die Sätze 2.1 und 2.141 aus Ludwig Wittgensteins *Tractatus logico-philosophicus* (TLP). (Anm. d. dt. Hrsg.)

wesentlich anderes, sondern erzeugte lediglich, als zusätzliche Rückkopplungsschleife, äußere Spuren, die sich visuell ins zentrale Nervensystem eingeben lassen, während im ersten Fall alle Rückkoppelungsschleifen intern bleiben. Als dritte Möglichkeit könnte sie das Wechselgeld an den Münzen selbst abzählen. Diese Methode fordert am wenigsten Denken, da sie weitgehend auf Modelle verzichtet – es ist die Katze-Käfig-Methode auf einer etwas höheren Stufe.

Modelle müssen ihrem Original keineswegs haargenau entsprechen. So bedeutet symbolisieren in gewisser Weise abbilden, wir können aber ziemlich sicher sagen, daß das Wort „Kuh" nicht aussieht wie eine Kuh. Ebenso meldet der Satz „Die Kuh ist auf den Baum geklettert" eine sehr unwahrscheinliche Tatsache, ohne ihr zu ähneln. Doch in einem gewissen Sinne ähnelt das Wort „Kuh" wahrhaft einer Kuh, so nämlich, wie ein Gewitterhimmel nach Regen aussieht. Im großen und ganzen hat die Ähnlichkeit zwei Aspekte, da sie aus Assoziationen besteht, die zum einen instinktiv, zum anderen durch Gebrauch und Übung zustande kommen. Wenn Wittgenstein sagt, um ein Bild sein zu können, müsse eine Tatsache etwas mit dem Abgebildeten gemeinsam haben, dann spricht er bloß eine Tautologie aus.

Sofern die Wissenschaft nach Modellen strebt, strebt sie also nach Ähnlichkeiten. Doch das genügt nicht, denn die Geschichte macht ja genau das gleiche. Die Differenz liegt darin, daß die Wissenschaft nach funktionalen Analogien sucht. Nicht in erster Linie an Namen oder strenger Darstellung interessiert, benutzt sie ihre ureigene, besondere Form der *Funktion* als Denk- bzw. Arbeitsmodell, um sich verändernde und veränderliche Sachverhalte zu beschreiben.

Wie oben erwähnt, erkundigen wir uns nach Neuem, indem wir fragen „Womit läßt es sich vergleichen?" Insofern kann man aus logischen Gründen unmöglich Angaben über das ganze Universum erwarten, denn dieses schließt definitionsgemäß alles ein. Die Frage „Womit läßt es sich vergleichen?" ist also nicht beantwortbar, weil für einen Vergleich nichts ausgespart blieb.

Wer Modelle findet oder anfertigt, stellt Ähnlichkeiten und damit Beziehungen her. Er klassifiziert also. Falls ich sechsunddreißig Mal würfele und die Sechs zwanzig Mal oben liegt, kann ich diesen Sachverhalt darstellen oder erklären, indem ich sage: „Der Würfel ist gezinkt." Nehme ich nun einen anderen Würfel, zerlege ihn und finde darin ein Kügelchen, das den Schwerpunkt auf die Gegenseite der Sechs verlagert, so kann ich das gleiche Modell anwenden: „Der Würfel ist gezinkt." Bei einem dritten Würfel stelle ich fest, daß seine Sechserseite sehr schmal, die Einserseite dagegen sehr breit ist. Wiederum besagt mein Modell: „Der Würfel ist gezinkt." Obwohl für den vorliegenden Zweck all diese Beobachtungen als gleichartig klassifiziert werden, muß das nicht der Fall sein.

Nehmen wir an, ich stellte meine sechsunddreißig Wurf mit zwanzig Mal der Sechs als ein Schwarz-Weiß-Muster dar. Dann nähme ich ein Buch vom Regal und öffnete es, um darin ein weiteres Schwarz-Weiß-Muster anzutreffen. Später sehe ich Schachspielern zu, und wieder heißt mein Modell „Schwarz-Weiß-Muster". Zwar fällt nur eines der vorgenannten Beispiele in diese letzte Klasse, aber welche dieser Klassifikationen ist richtig und welche falsch? Richtig kann bloß diejenige Klassifikation sein, die am besten für einen gegebenen Zweck taugt: Wir klassifizieren so, wie es uns sinnvoll erscheint und überzeugen andere, das gleiche zu tun.

3. Das klassische Problem

Betrachten wir zwei Schlußformen.

(1) *Wenn* alle Schwäne weiß sind,
dann sind auch einige Schwäne weiß.

Hier folgt die Konklusion, daß einige Schwäne weiß sind, eindeutig aus der allgemeinen Prämisse. Die Grundregel für gültige Argumente lautet, daß ihre Schlüsse höchstens genauso viel besagen dürfen wie ihre Prämissen, jedoch nicht mehr. Der oben genannte Schluß sagt weniger als seine Prämisse, so daß die Folgerung stimmt.

(2) *Wenn* einige Schwäne weiß sind,
dann sind alle Schwäne weiß.

Hier besagt die Konklusion mehr als die Prämisse, womit der Schluß offenkundig falsch ist.

Das erste Argument steht für die sogenannte Tautologie. Wesentlich an einer Tautologie ist, daß sie immer stimmt. Zum Beispiel bliebe die Aussage „Wenn alle Schwäne weiß sind, dann sind einige Schwäne weiß" auch dann richtig, wenn faktisch alle Schwäne schwarz wären.

Den Gegensatz zu einer Tautologie bildet der Widerspruch. Argument (2) enthält keinen Widerspruch, dafür aber das folgende:

(3) *Wenn* alle Schwäne weiß sind,
dann sind einige Schwäne nicht weiß.

Widersprüche sind verkehrt, was auch der Fall sein mag. So stimmt Aussage (3) niemals – gleichgültig, ob Schwäne schwarz, weiß oder farblos sind.

Wir sehen, daß uns weder Tautologien noch Widersprüche irgendeine Auskunft geben können, da sie ungeachtet aller Fakten richtig respektive falsch sind. Daher sagen uns die Aussagen (1) und (3) nichts Neues, wiewohl Aussage (2) einen Informationsgehalt haben kann. Während (1) richtig, (3) falsch sein muß, kann Aussage (2) beides sein, ist also kontingent. Damit hängt ihre Wahrheit oder Falschheit jeweils von den äußeren Umständen ab, sie selbst gibt jedoch nichts darüber her. Nehmen wir die Aussage:

(4) *Wenn* einige der Kugeln in diesem Sack weiß sind,
dann sind alle weiß.

Habe ich die Bedingungen so gestaltet, daß der Sack nur mit weißen oder nur mit farbigen Kugeln gefüllt wurde, trifft die Behauptung zu. Wurde er aber mit einigen Kugeln von jeder Sorte gefüllt, ist sie falsch.

Betrachten wir erneut Aussage (2). Hier wurde die Bedingung nicht vom Menschen, sondern von der Natur gesetzt. Sicher glauben wir in gewissem Sinne an natürliche Anordnungen, denn andernfalls wäre die totale Sonnenfinsternis von 1953 ja nicht in der *Times*-Kolumne „To-day's Arrangements“ behandelt worden. Allerdings unterstrichen die anschließenden Leserbriefe, daß wir diesen Gebrauch des Wortes „Arrangements“ für leicht abwegig halten. Anordnungen von Menschen und den höheren Tieren sind eine Sache, solche von Naturphänomenen eine andere; und selbst wenn wir einen Schöpfergott annähmen, wäre es heute kaum noch zeitgemäß zu denken, daß er die Schwäne auf den Seen anordnet wie wir etwa Billardkugeln in einem Sack.

Doch mit der Annahme, daß sie uns zumindest in einigen Feldern der Natur angeordnet erscheinen werden, können wir von Teilmustern auf den Rest schließen. Dieses Verfahren entspricht der Aussage: „Wenn einige Schwäne weiß sind, dann sind alle weiß“ – einem, wie bereits dargelegt, ungültigen Schluß. Aus der Prämisse „Einige Schwäne sind weiß“ können wir nicht schließen, daß alle Schwäne weiß sind. Doch offenbar argumentieren wir in der Wissenschaft ständig so: Nachdem wir mehrere Zuckerproben genommen und festgestellt haben, daß sich jede bei 15 Grad Celsius in Wasser auflöst, ziehen wir den Schluß, daß dies für alle Zuckerproben gelten muß.

Wenn, fragt sich nun sofort, das induktive Verfahren ein falsches Argument widerspiegelt, weshalb ist es dann gerade dieser Fehler? Warum nicht etwa ein Fehlschluß der Art:

(5) *Wenn* alle Schwäne weiß sind,
dann sind einige Katzen schwarz?

In diesem Beispiel herrscht totale Kontingenz: Prämisse und Schluß stehen in keinerlei Zusammenhang. In Beispiel (2) dagegen enthielt der Schluß wenigstens die Prämisse, allerdings nicht umgekehrt, im letzten jedoch fehlt beiderseits jeglicher innere Bezug. Auch wenn diese völlig zusammenhanglose Schlußform keineswegs regelmäßig für Induktion steht, wenden wir sie manchmal an, falls wir mit unserem Latein am Ende sind und wild darauflos probieren. Gewöhnlich haben wir es mit einer Fehlerquelle zu tun, die aus einem gewissen Grund weniger auffällig wirkt – nicht zuletzt deshalb, weil Beispiel (2) mit einer simplen Zusatzprämisse gültig würde, nämlich: Ereignisse sind grundsätzlich so angeordnet, daß die besonderen Eigenschaften jedes einzelnen auch alle übrigen bestimmen müssen. Es gibt jedoch kein solches Grundprinzip, das auf Beispiel (5) anwendbar wäre.

Diese Zusatzprämisse formuliert man gewöhnlich als Gesetz der gleichförmigen Natur oder als universelle Gültigkeit des Kausalgesetzes. Gewöhnlich rechtfertigt man ihre Einführung mit dem Argument, daß es ohne ein solches Gesetz überhaupt kein induktives Wissen gäbe. Da wir jedoch eindeutig bestimmte Dinge wüßten, müsse das Gesetz der Gleichförmigkeit gelten.

Dieses Argument hat allerdings den Haken, daß wir es nur durch Rückgriff auf die Erfahrung rechtfertigen könnten, was seinerseits induktiv wäre, da sich unsere bisherige Erfahrung mit der Geltung des Gesetzes auch in Zukunft bewähren müßte. Wir sind also darauf beschränkt, die induktive Methode durch Induktion zu begründen – eine *petitio principii*. Doch es kommt noch schlimmer.

Vor mir steht ein Schreibtisch, mit dem ich generell die Erfahrung gemacht habe, daß diverse Gegenstände wie Schreibblock und Telefon darauf liegenbleiben, ohne durchzufallen. Ebenso stößt meine Hand, die ich von oben sinken lasse, an der Tischplatte auf einen Widerstand, der sie bremst. Nehmen wir an, ich will meine Hand eines Tages wie üblich hinlegen und muß feststellen, daß sie durch die Tischplatte gleitet. Zunächst wäre ich natürlich überrascht. Dann käme ich auf den Verdacht, das Gesetz von der gleichförmigen Natur (wonach mein Tisch seine Festigkeit beibehalten müßte) sei verletzt worden. Ich blickte mich nach anderen Objekten im Raum um und stellte entsetzt fest, daß sie teils verschwunden, teils stark verändert wären. Mehr noch verwirrte mich ein kleines Ding, wahrscheinlich eine Alraune, das am Kamin auftauchte und sich mir über den Teppich näherte.

Das für solche Fälle typische Verfahren – auf das man sich jedoch in der momentanen Konfusion oft nicht besinnt – zeugt von unserer allgemeinen Einstellung: Wir kneifen uns. Das ist eine Art letzte Instanz. Wenn ich mich kneife, und es tut nicht weh, dann ist das offenbar ein weiterer Fall von fehlender Gleichförmigkeit, woraus ich schließe, gar keine reale oder natürliche Welt zu beobachten, sondern zu träumen. Wer wäre schon so töricht, einen Traum gegen die Gleichförmigkeit der Natur ins Feld zu führen?

Doch gerade darum geht es hier. Träume erkennen wir ausschließlich daran, daß sie nicht gleichförmig sind, umgekehrt jedoch die Natur an ihrer Gleichförmigkeit. Das Gesetz von der Gleichförmigkeit ist also gar nicht widerlegbar, denn sobald unsere Beobachtungen nicht gleichförmig sind, nehmen wir an, keine Natur zu beobachten. Kurz, wir lassen bei der Verifizierung des Gesetzes bloß *reale* Dinge zu, wodurch das Gesetz der Gleichförmigkeit zur blanken Tautologie wird. Naturgesetze enthalten Information, wohingegen Tautologien nichts besagen. Die Regel der Gleichförmigkeit kann also kein Naturgesetz sein.

4. Auflösung des klassischen Problems

Ich steche in einen Luftballon, der platzt. Von dieser Entdeckung angetan, lasse ich weitere Luftballons platzen. Nach einiger Zeit bin ich zu sagen versucht: „Ich weiß etwas über Luftballons. Wenn man hineinsticht, dann platzen sie." – „Woher weißt du das?", fragt ein Skeptiker. „Ich habe es ausprobiert", gebe ich zurück. „Woher weißt du, daß sie nicht *zufällig* platzten, als du hineinstachst?", fragt er weiter. „Weil ich es so oft gemacht habe", erwidere ich. Wenn er dann nach wie vor skeptisch dreinblickt, bin ich versucht, um zwanzig Mark mit ihm zu wetten, daß der nächste Luftballon, in den ich steche, ebenfalls platzen wird.

Diese Ausführungen skizzieren, wie wir uns gegenüber der Induktion verhalten. Zuerst stoßen wir zufällig auf irgendeinen Zusammenhang zwischen Ereignissen. Dann suchen wir und finden – oder können gar bewerkstelligen –, daß er wiederkehrt. Schließlich halten wir die beiden zusammenhängenden Ereignisse irgendwie für kausal verknüpft und wären bereit zu wetten, daß sie auch im nächsten beobachteten Fall wieder gemeinsam auftreten.

Nehmen wir nun an, ich halte eine runde farbige Gestalt für einen Luftballon, nähere mich ihr mit meiner Nadel und stelle fest, daß sie weder platzt noch ein Ballon ist, sondern ein Lampion.

„Du schuldest mir zwanzig Mark!", frohlockt mein Skeptiker, der – wie sich herausstellt – die ganze Zeit über zugeschaut hat.

„Keineswegs", sage ich verärgert. „Dieses Ding ist eindeutig kein Ballon, so daß die Wette nicht gilt." Gefragt, warum ich es nicht für einen Ballon halte, weise ich auf die faltige Oberfläche hin, die Unfähigkeit zu platzen und so fort. „Und wenn es *doch* geplatzt *wäre*?", bohrt der Skeptiker nach. „Dann", sage ich, „hätte es *wohl* ein Ballon sein können. Aber es platzte nicht, also war's keiner." „Das ist unfair", sagt der Skeptiker, „du drehst es so, daß du die

Wette nie verlierst, und sagst einfach: Was bei einem Stich nicht platzt, kann kein Luftballon sein."

Der Skeptiker hat recht: Genau das mache ich, doch das ist gängige wissenschaftliche Praxis. Wenn wir feststellen, daß mehrere Proben des Stoffes *A* bei *x* Grad Celsius schmelzen, dann schließen wir zum einen, daß dies auch für alle übrigen gelten muß, und erklären zum anderen, was nicht bei dieser Temperatur schmilzt, könne gar keine Probe des Stoffes *A* sein. Auch dieses grundlegende Verfahren trägt wesentlich dazu bei, daß unsere induktiven Prognosen zutreffen. Wo das Traum-Argument nicht zieht, weisen wir Gegenbeispiele einfach als *irrelevant* zurück.

Selbstverständlich könnte man in solchen Fällen einwenden, daß wir gar nicht mehr induktiv schließen, weil der Schluß dabei zu einem bloßen Mittel entartet ist, *die Prämisse zu bestätigen*. Jede echte Induktion muß widerlegbar sein, muß uns etwas sagen, das wir nicht bereits wußten. Was nicht falsch sein kann, teilt auch nichts mit. Im oben genannten Beispiel gelang zwar, was Philosophen schon seit Jahren anstreben, nämlich Induktion auf Deduktion zu reduzieren, aber das genügt nicht. Betrachten wir erneut den Ballon.

Ich glaube einen Luftballon zu sehen, erkenne jedoch aus der Nähe, daß ich keinen Ballon vor mir habe, sondern einen Lampion – worauf ich enttäuscht bemerke: „Eben war dieses Ding noch ein Luftballon, doch bevor ich hineinstechen konnte, verwandelte es sich in einen Lampion."

Was stimmt an dieser Aussage nicht? Schließlich hätte ich aufgrund meines ersten Eindrucks und ohne weitere Prüfung des Objekts sagen müssen, daß ich einen Luftballon sah. Wenn ich jetzt einen Lampion sehe, so könnte entweder mein erster Eindruck falsch gewesen sein, oder der Zustand des Ballons hätte sich verändert.*

* Induktive Methoden, wie beispielsweise Entscheidungen aufgrund von Wahrscheinlichkeitsschätzungen, umgehen das Problem durch strenges Unterscheiden verschiedener Kontexte. So gibt es zwischen den Aussagen „Mein optischer Eindruck von L im Kontext K_{12} ist ein Luftballon" (K steht vor allem für die Entfernung) und „Mein optischer Eindruck von L im Kontext K_2 ist kein Luftballon" keine logische Verbindung. Ein formales Beispiel liefern bedingte Wahrscheinlichkeiten. Die Widersprüchlichkeit beider Aussagen – als eine Form

Statt jedoch zu sagen, daß jemand ihn verzaubert haben könnte, berichtige ich mein Urteil rückwirkend: Da es jetzt ein Lampion ist, muß es auch schon vorher einer gewesen sein.

Welch eine Willkür! Warum nicht annehmen, daß es nach wie vor ein Luftballon sein müßte? Die Lösung dürfte darin liegen, daß wir uns aus Gründen der Bequemlichkeit vor der Gegenwart verneigen müssen. Sollte sich das Ding später wieder in einen Luftballon verwandeln, dürfen wir auch nicht mutmaßen, daß es je etwas anderes war. Gewiß wird man Ähnlichkeiten zwischen diesem Verfahren und den Maßnahmen des Wahrheitsministeriums in Orwells Roman *1984* feststellen.

Obwohl ich die Geschichte als den schäbigen Rest dargestellt habe, der verbleibt, nachdem die Wissenschaft ihren Anteil genommen hat, sollten Wissenschaftler bei ihrer eigenen fragwürdigen Praxis, die Geschichte umzuschreiben, nicht selbstgefällig werden.

„Ich sah einen Luftballon, der sich in einen Lampion verwandelte."

„Oh nein, das stimmt nicht", entgegnet der Wissenschaftler, wobei er mich glasig anstarrt.

„Doch, es stimmt", widerspreche ich. „Ich vermute, daß ihn jemand verzaubert hat."

„Wir leben im zwanzigsten Jahrhundert. Da gibt es keine Zauberei", rügt er mich streng.

„Oh", sage ich enttäuscht. „Seit wann nicht mehr?"

„Dergleichen hat es nie gegeben", murrt er ärgerlich. „Die Leute *glaubten* nur daran."

„Vermutlich sagen Sie gleich auch noch, ich hätte bloß geglaubt, daß dieser Lampion vorher ein Luftballon war?"

„Genau", bestätigt er.

„Und wenn ich nun behaupte, daß er wirklich ein Luftballon *war*?"

„Dann", erwidert der Wissenschaftler scharf, „gibt es ja noch die Irrenanstalt."

der Verbindung – entsteht erst durch die Annahme der Kontextunabhängigkeit der Beobachtung. So gesehen ist der erste Eindruck (der prima facie mehr Information als der zweite enthält, weil man näher am Objekt ist) auch nicht generell „richtiger", denn manchmal sehen wir den Wald vor lauter Bäumen nicht. (Anm. d. dt. Hrsg.)

„Sie würden mich also wegen meiner Überzeugung einsperren?"

„Sie haben's erfaßt", bellt er zurück.

Zu den wichtigsten Tricks des Wissenschaftlers gehört, wie wir bei der statistischen Argumentation erneut sehen werden, Beobachtungen rückwirkend umzudeuten. Erstaunlicherweise gilt es jedoch bloß als eine Sprachregelung. Entweder wir sagen, daß die Dinge so sind wie sie erscheinen, womit „die Natur sich laufend verändert"; oder wir behaupten, daß sie in Wirklichkeit viel beharrlicher sind, als sie erscheinen, und führen ihre augenscheinliche Wechselhaftigkeit auf ständige Beobachtungsfehler zurück. Bei der ersten Variante dürfte unsere Sprache von Wörtern wie „Gespenst", „Kobold", Poltergeist", „magischer Zauber", „Wunder" et cetera nur so strotzen, während wir in der zweiten insbesondere Begriffe wie „Fehlurteil", „Illusion", „Halluzination", „Delirium tremens", „Psychose" usw. fänden.

Nun möchte man vielleicht wissen, welche dieser Darstellungsweisen *zutrifft*, aber das wäre eine sinnlose Frage, denn beide können ein angemessener Ausdruck dessen sein, was wir beobachten. Zwar könnte man eine Beschreibung für *passend* erklären, wie etwa das Verhalten bei einer Dinnerparty, aber das hätte nichts mit *Wahrheit* zu tun – so daß man sich nach je den Diktaten der Mode, nach Ockhams Prinzip des Rasiermessers oder nach einer anderen Faustregel für die eine oder andere Darstellungsart entscheiden muß.

Schon die flüchtige Betrachtung primitiver Sprachen zeigt, daß sie kaum darauf angelegt sind, den Glauben an die Gleichförmigkeit der Natur zu fördern. Wir selbst müssen, um an die gleichförmige Natur glauben zu können, entweder (*a*) die Abweichungen außer acht lassen (sie etwa als Träume, dumme Fehler und so fort verlachen) oder (*b*) nicht darüber sprechen, zumindest nicht offen, und dabei annehmen, daß sie entgegen dem Anschein immerfort gleichförmig sind. Dieses Verhalten heißt Wissenschaft.

Obwohl das Problem von Induktion und Analogie schon zu verblassen beginnt, müssen wir es erneut aufgreifen.

(1) *Wenn* einige Schwäne weiß sind,
dann sind alle Schwäne weiß.

(2) $s = ut + \frac{1}{2}at^2$ (immer)

Diese beiden induktiven Schlüsse sind auf Sachverhalte angewandte Formeln. Wenn etwa die Formel zu Distanz-und-Beschleunigung nicht mehr stimmte, könnten wir entweder sagen, die Beschleunigung (die Ordnung der Natur) habe sich grundlegend verändert, oder all jene Fälle (als falsche oder geträumte Beobachtungen) zurückweisen, die nicht der Formel genügen. Falls sich sämtliche Berge allmählich in Maulwurfshügel verwandelten, könnten wir das entweder schlicht zur Kenntnis nehmen oder die Ordnung der Natur verteidigen, indem wir behaupten: „Berge und Maulwurfshügel sind, wie jeder weiß, ja ohnehin ein und dasselbe".

In Formel (2) sehen wir, daß s eine Funktion von t ist. Da die Art der Funktion und der Wert von t vorgegeben sind, folgt daraus, daß wir den Wert von s *ableiten* können. Deshalb scheint es, als würden die mit Formel (2) erklärten natürlichen Phänomene durch deduktive Schlüsse dargestellt. Das Grundmuster der Deduktion ist jedoch die Tautologie, und wie Wittgenstein lapidar formulierte, besagen alle Tautologien dasselbe, nämlich nichts. Ist Formel (2) demnach leer? Meiner Ansicht nach ist sie ebenso nichtssagend wie irgendein Name – etwa „Berg" oder „Einhorn". Das bedeutet aber nicht, daß wir sie nicht nach Belieben *auf etwas* anwenden dürften. Bei veränderlichen Konstellationen mag uns ein funktionaler Name bequemer erscheinen; das ist alles.

Betrachten wir folgenden Intelligenztest, den man „fortschreitende Matrix" nennt.

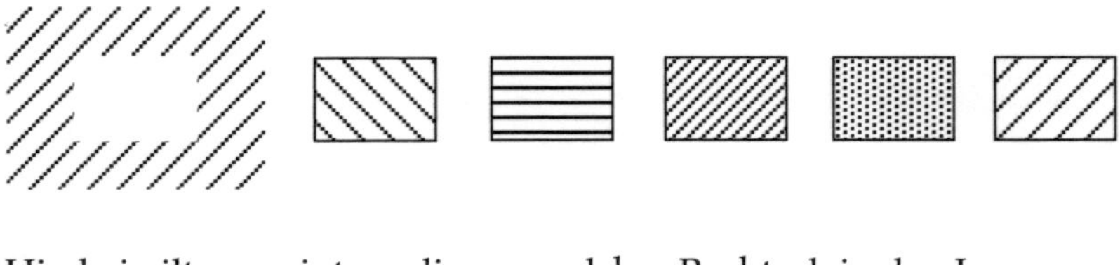

Hierbei gilt es zu interpolieren, welches Rechteck in den Leerraum gehört. Man könnte die Aufgabe aber auch umgekehrt stellen, so daß vom Muster eines kleinen Rechtecks auf das Umfeld zu extrapolieren wäre. Induktion und Analogie stehen zur Zeit wie Extrapolation und Interpolation zum Raum, doch dabei besteht keine saubere Trennung. Ich luge durch ein Astloch in den Kuhstall und sehe ein Stück Kuh, wovon ich durch Induktion oder Analogie auf den Rest schließe. Als Arzt sehe ich ein Stück Krankheit (ein Symptom) und erkenne sofort das Ganze. Den operativen Begriff „erkennen" verwenden wir, sofern der Vorgang ziemlich schnell abläuft. Von Induktion oder Analogie sprechen wir dagegen nur, wenn es eher langsam geht: Sie sind die Erkenntnisprozesse, in Zeitlupe betrachtet.

5. Wahrheit

Einer der Prüfsteine für informative Aussagen ist, daß sie nicht wahr sein müssen. Was wir auf den ersten Blick als wahr erkennen, das birgt keine Information. Die Aussage „Reife Tomaten sind rot" stimmt nur aufgrund der Tatsache, daß reife Tomaten eben rot und nicht etwa blau sind.

Man hat versucht, die empirische Wahrheit als Übereinstimmung der Aussagen mit den Tatsachen zu definieren, doch das ist eine zirkuläre Darstellung. Unser Meinen beruht ebenso wenig auf „Übereinstimmung mit den Tatsachen" wie auf „Wahrheit". Analysieren wir die Behauptung „‚Reife Tomaten sind rot' ist wahr".

An dieser komplexen Aussage fällt uns zuerst auf, daß man sie ohne inhaltlichen Gewinn oder Verlust verlängern bzw. kürzen kann, denn „‚Reife Tomaten sind rot' ist wahr" bedeutet nicht mehr als „Reife Tomaten sind rot" – das angehängte „ist wahr" mag der Hervorhebung dienen, trägt aber nichts zum Inhalt bei. Analog gilt, falls reife Tomaten tatsächlich rot sind, nicht nur die Aussage „Reife Tomaten sind rot", sondern die ganze Serie: „‚Reife Tomaten sind rot' ist wahr", ‚„‚Reife Tomaten sind rot' ist wahr" ist wahr', „‚„‚Reife Tomaten sind rot' ist wahr" ist wahr' ist wahr" usw.

Bei diesen Schichtungen springt ins Auge, daß sie unterschiedliche Sprachhierarchien einschließen. In der Sprache ersten Grades haben die Wörter „wahr" und „falsch" keine Bedeutung – mit ihr schildern wir automatisch, was wir rings herum sehen, und solange wir unsere Darstellung nicht kritisch prüfen, spielen Wahrheit und Falschheit auch gar keine Rolle. Nehmen wir an, wir sähen einen Zeitgenossen, der eine reife rote Tomate betrachtend sagt: „Die ist blau". Damit könnte er unsere Kritik wachrufen. Sofern wir etwa meinten, daß er die Sprache falsch gebrauchte, erfänden wir für seine Äußerung das Wort „falsch". Neben diesem Begriff für den falschen brauchten wir nun noch einen für den richtigen Sprachgebrauch.

Insofern stammt der Wahrheitsbegriff ursprünglich aus irgendeinem potentiell irreführenden Sprachgebrauch, und auf dieser kritischen Wahrheitsfunktion beruht das wohlbekannte Lügnerparadox etwa in der Aussage „Diese Aussage ist falsch“: Sie ist paradox, weil sie, um zuzutreffen, inhaltsgemäß falsch sein muß, jedoch wenn sie falsch ist, nicht falsch sein kann. Das Paradox kann nur auftreten, wenn wir Wahrheit und Falschheit irrigerweise für Eigenschaften halten, die man in einer einzelnen nicht-hierarchischen Sprache darstellen könnte. Sobald wir einsehen, daß die Begriffe „wahr“ und „falsch“ geeignet sind, die Beschreibung von Sachverhalten in einer Sprache kritisch zu würdigen, erkennen wir, daß die Aussage: „Diese Aussage ist falsch“ unzulässig ist, denn hier gibt es keine Frage, die die Art und Weise, wie ein Sachverhalt beschrieben wird, würdigt. Diese Aussage bildet ein Stück Sprache, sonst nichts. Was nichts beschreibt, kann weder wahr noch falsch sein, fällt zwar in die gleiche Klasse wie Tautologie und Widerspruch, ist aber selbst keines von beiden.

Ich sitze zusammen mit einem Freund im Zimmer, und wir sehen eine Katze über den Boden huschen. Am nächsten Tag erinnere ich meinen Freund an den Vorfall: „Gestern lief meine Katze über den Boden.“ – „Ja“, könnte er sagen, „das stimmt.“ Doch angenommen, dann stellte sich heraus, daß die Katze gestern den ganzen Tag bei Nachbarn war und sich füttern ließ, während wir gleichzeitig dachten, sie liefe über den Boden. Damit müßten wir unsere Ansicht über die Wahrheit der Aussage: „Meine Katze lief gestern über den Boden“ revidieren. Am wenigsten drastisch wäre anzunehmen, daß gar nicht meine Katze über den Boden lief, oder daß die Nachbarn irrtümlich eine fremde Katze fütterten. Kurz, ich selbst oder die Nachbarn müßten geirrt haben. Da wir aber beide meinten, recht zu haben, durfte offenbar keiner von beiden ganz sicher sein.

Da solche äußeren Umstände grundsätzlich alle empirischen Aussagen in Zweifel ziehen können, bieten diese offenbar nie Gewißheit. Das beunruhigt manche Menschen, und es wurde schon vieles versucht, um die empirische Ungewißheit zu bekämpfen. So bildete sich Descartes ein, den Trick mit seiner Aussage „Cogito ergo sum“ herauszuhaben. „Trick“ ist sogar das richtige Wort, denn seine Gewißheit besteht nur im logischen Sinne. Falls das Wort „ich“

irgendeine Bedeutung haben soll, muß das damit Bezeichnete existieren. Das unbestimmte Verb *sein* bezeichnet lediglich Existenz. Da „Ich" selbstbezüglich ist, muß es sich auf eine leibhaftige Person beziehen, so daß mit dem Zusatz „bin" nichts gewonnen ist. Die Aussage: „also bin ich" folgt bereits aus „Ich denke", bevor wir gleichsam genügend Zeit hatten, das „denke" auch nur auszusprechen.

Einen der letzten Versuche, die Gewißheit empirischer Erkenntnisse zu begründen, unternahmen die Phänomenologen mit ihrer sogenannten „Sprache des Sinnesdatums", bei der manche Beobachtungen als gewiß vorausgesetzt werden. Ich mag nicht mit Gewißheit aussagen können, daß mein Tisch schwarz ist, weil ich vielleicht halluziniere. Wenn ich aber sage, „Ich sehe gerade schwarz", so soll dies gewiß sein, da man annimmt, daß ich zutreffend beschreiben kann, was ich sehe, ob nun Halluzination oder nicht.

Gegen diesen Ansatz gibt es mehrere Bedenken. Insbesondere muß man fragen, was „gerade" bedeuten soll. Um äußern zu können „Ich sehe gerade schwarz", muß man schon gewisse Zeit schwarz gesehen haben. Falls „gerade" die Gegenwart der Physik – das heißt: den einzelnen Zeitpunkt – darstellen soll, ließe sich nicht mit Gewißheit sagen „Ich sehe gerade schwarz", da es vor dem Satzende aufhören könnte, schwarz zu sein. Angenommen, ich stieße jedesmal, wenn ich schwarz sähe, nur das Wort „schwarz" aus. Käme es plötzlich und dauerte immer bloß ganz kurz an, dann wäre es schon nicht mehr schwarz, wenn ich „schwarz" sagte, womit ich löge. Unter diesen Umständen könnte ich nur auf gut Glück etwas Richtiges sagen. Zwar würde ich wenigstens einige Treffer landen, indem ich immerzu „schwarz" sagte, aber das hätte keinerlei Informationswert. Es wäre so, als bildete ich eine große Tautologie, ordnete dem ganzen Universum die Eigenschaft der Schwärze zu, um zumindest manchmal nicht zu irren. Außerdem möchte niemand nur zufällig recht haben, sondern schon im vorhinein davon ausgehen können. Auf gut Glück gebildete Informationen sind ebenso wertlos wie tautologische Wahrheiten. Fragte mich jemand, wo einer meiner Kollegen gerade ist, so wäre es nicht sonderlich hilfreich, wenn ich erwiderte: entweder in seinem Zimmer oder sonst irgendwo. Noch weniger fiele meine Auskunft ins Gewicht, falls bekannt wäre, daß ich in solchen Fällen immer aufs Geratewohl riete.

Wir sehen also, daß uns sogar die „Sprache des Sinnesdatums" keine richtigen Informationen bieten muß. Daher sollten wir als nächstes fragen: Hat sie *überhaupt* Informationswert? Worüber informiert der Satz: „Ich sehe gerade schwarz"? Er kann etwas besagen oder nicht. Falls er etwas besagt, muß er sich auf irgendeine Eigenschaft oder Beobachtung beziehen – in diesem Fall die Schwärze –, die auch ein anderer manchmal wahrnehmen kann, denn sonst hätte mein Satz für ihn keinen Sinn. Bedeutet er etwas, so haben wir damit die Sprache des Sinnesdatums verlassen und reden im Sinne objektiver Eigenschaften oder gar materieller Objekte. Genau darin liegt der Grund, weshalb Phänomenologen zwar die „Sprache der Sinnesdaten" anstreben, praktisch aber nie imstande waren, Aussagen über materielle Objekte in ihre Terminologie zu übersetzen. Dennoch sei dies prinzipiell möglich, sofern man gewisse überschaubare Komplikationen aus dem Weg räume. Oben wurde jedoch gezeigt, daß (*a*) die „Sprache der Sinnesdaten" keine Information mitteilen kann, also gar keine Sprache ist, und (*b*) ihre Informationen, wenn es sie gäbe, nicht unbedingt zuträfen.

Da sich Sinnesdaten schlecht als Grundlage der wissenschaftlichen Verständigung eignen, müssen wir nach etwas Besserem suchen. Eine geeignetere, historisch interessantere Hypothese setzt materielle Objekte voraus. Doch wiewohl Berkeleys idealistische Kritik diese Annahme nicht zu Fall bringen kann, ist sie für unsere Zwecke immer noch etwas zu speziell.

Wirft man mir vor, ich hätte „das Zeichen eines Verkehrspolizisten mißachtet", so kann ich kaum einwenden, daß ich im gleichen Moment zu einem Begleiter bemerkte: „Himmel, da gibt ein Schupo Signale!" Den Polizisten kümmert nicht, was ich sehe, sondern wie ich darauf reagiere. Das Verb „beachten" umfaßt ein weites Feld und kann sich auf Eindrücke, Reaktionen und Bemerkungen genauso beziehen wie auf materielle Objekte selbst. Beachten in Sinne von Beobachten dürfte das Grundelement der Wissenschaft sein.[1] Beobachtungen bilden zwar eine größere Menge als materielle Objekte, sind aber nicht weniger objektiv. Ich kann direkt über meine Sinne beobachten, sie mittels Instrumente (etwa Punktlesegeräte) erweitern oder sogar Berichte anderer Menschen über ihre Sinneseindrükke einbeziehen. Gewiß kann man einwenden, der Begriff „Beobach-

1 Vgl. R. von Mises (1951): Positivism. Cambridge, USA, S. 147.

tung“ sei doppeldeutig, weil er entweder das Erlebnis oder die Schilderung bezeichnet; aber gerade das wünscht ja der Wissenschaftler: Mit verschwiegenen Erlebnissen kann er nichts anfangen, denn sie sind unwissenschaftlich.

6. Wahrscheinlichkeitsmessung

Die Alternative „Zahl oder Nicht-Zahl" enthält alle Möglichkeiten, ist also tautologisch, nichtssagend. Der Ausdruck „Zahl", für sich genommen, betrifft eine bestimmte Klasse von Möglichkeiten und ist daher informativ. Damit ist die Aussage

„*Wenn* Zahl,
dann Zahl oder Nicht-Zahl"

ebenfalls tautologisch, weil ihre etwas sagende Prämisse mehr sagt als der nichtssagende Schluß. Indem wir „Zahl" durch *z* darstellen, „Nicht-Zahl" durch $\bar{z}$, das ausschließende* „oder" durch ≢ und die

* Die Umgangssprache hat nicht die Eindeutigkeit, die man in der Logik braucht. So wird das Wort „oder" im Deutschen in einem die Alternative (P oder Q) ausschließenden oder nichtausschließenden Sinne gebraucht. Das nichtausschließende „oder" (die nichtausschließende Disjunktion) wird in der Logik mit dem Zeichen „v" symbolisiert. In der Umgangssprache wird dies häufig mit „und/oder" wiedergegeben, um den nichtausschließenden Sinn auszudrücken. Wird beispielsweise eine Professor in Psychotherapie ausgeschrieben und als Einstellungsvoraussetzung „Habilitation in Psychologie oder Medizin" verlangt, so würde man davon ausgehen, daß „oder" im nichtausschließenden Sinne gemeint ist. Ein Bewerber, der also in beiden Fächern habilitiert wäre, wäre von einer Bewerbung nicht ausgeschlossen. In der Logik gilt eine Aussageverknüpfung mit dem nichtausschließenden „oder" (p v q) nur dann als falsch, wenn beide Teilaussagen (p.q) falsch sind, sonst als wahr. Die ausschließende Disjunktion – Spencer-Brown spricht vom „starken" Oder (umgangssprachlich „nicht beides", „entweder-oder"– läßt nicht zu, daß beide Alternativen wahr sind. Die ausschließende Disjunktion ist „genau dann" wahr, wenn eine der beiden Teilaussagen wahr ist. Das ausschließende „oder" ist die Negation der materialen Äquivalenz (p genau dann, wenn q, p ≡ q), die mit ≡ notiert wird, daher die durchgestrichene Form der materialen Äquivalenz: ≢. (Anm. d. dt. Hrsg.)

Folgerung *wenn, dann* durch ⊃, dann können wir die Aussage so umschreiben:

$$z \,.\supset.\, z \not\equiv \bar{z} \tag{1}$$

Selbstverständlich können wir nicht mit Gewißheit sagen „Wenn Zahl oder Nicht-Zahl, dann Zahl". Manchmal mag das zutreffen, aber wann genau, müßten wir raten, und in der Logik ist Raten nicht erlaubt. Wird die letzte Aussage umgeschrieben in

$$z \not\equiv \bar{z} \,.\supset.\, z! \tag{2}$$

so veranschaulicht sie treffend, was wir gemacht haben. Allerdings darf man das Ausrufezeichen nicht als z-Fakultät deuten, da es nur auf die ungeheure Kühnheit und Gewagtheit der romantischen Aussage hinweisen soll, die wir damit formuliert haben.

Angenommen, ich sage: „Bei Zahl fängt dein Team an, bei Nicht-Zahl meines". Dann werfe ich die Münze mit Bedacht so, daß sie in einen Gully fällt. „Nicht-Zahl" sage ich, „wir sind dran", was natürlich unfair ist: Unfälle wie der, daß meine Münze im Gully verschwindet oder von einem Meteoriten getroffen und pulverisiert wird, sollten ausgeschlossen sein. Es darf also nicht heißen: „Bei Zahl seid ihr dran, bei Nicht-Zahl wir", sondern eher: „Bei Zahl seid ihr dran, bei *Wappen* wir". Das exakte Wahrscheinlichkeitsmodell sieht also wie folgt aus:

$$z \not\equiv \bar{w} \,.\supset.\, z! \tag{3a}$$

oder

$$\bar{z} \not\equiv w \,.\supset.\, w! \tag{3b}$$

In diesem Fall können wir zwei Behauptungen aufstellen, wovon eine zutreffen muß, weil alles andere nicht gelten soll.

Angenommen, wir geben sechs Billardkugeln mit den Farben schwarz, rosa, blau, grün, braun und gelb in einen Sack. Nun würde man der Konvention gemäß mit einer Wahrscheinlichkeit von einem Sechstel die schwarze ziehen.

$$p \not\equiv q \not\equiv r \not\equiv s \not\equiv t \not\equiv u \,.\supset.\, p! \tag{4}$$

Man beachte, daß wir hier, um sicher sein zu können, nicht weniger als sechs verschiedene Aussagen aufstellen müßten.* Deshalb ist die Wahrscheinlichkeit jedes Schlusses in solchen Ableitungen reziprok zur Anzahl der Disjunktionen in ihrer Prämisse plus eins. Wenn die Wahrscheinlichkeitsrelation, wie Keynes und Wittgenstein vermuten, eine Art Teilableitung ist, dann können wir (4) so umschreiben:

$$p \not\equiv q \not\equiv r \not\equiv s \not\equiv t \not\equiv u \, . \supset \tfrac{1}{6} \, . \, p$$

„Wahrscheinlichkeit" bloß für eine Art Ableitung zu erklären, hieße wohl, sie extrem eng fassen, denn wir verstehen darunter auch eine *Eigenschaft von Ereignissen*. „Das Ereignis namens Zahl besitzt die Wahrscheinlichkeit –" ist eine wohldefinierte Aussage. Auch ist es sinnvoll, die Wahrscheinlichkeit von Beobachtungen zu beurteilen: „Eine Nebensonne zu beobachten ist sehr unwahrscheinlich."

Wir haben unsere farbigen Billardkugeln in einen Sack gesteckt und definieren die Wahrscheinlichkeit, die schwarze zu ziehen, als ein Sechstel. Wenn wir nun hineingreifen und etwa ein weißes Kaninchen herausholen, dann revidieren wir deshalb nicht unsere Einschätzung der Wahrscheinlichkeit, eine schwarze Kugel zu erwischen: Das Feld der Wahrscheinlichkeit ist bloß für Kugeln definiert, so daß weiße Kaninchen nicht zählen. Wenn wir aber bei jedem Hineingreifen eine schwarze Kugel anträfen, dürften wir die Wahrscheinlichkeit dieses Vorkommnisses schließlich neu beurteilen. Analoges gälte, wenn die schwarze Kugel in einer langen Reihe von Ziehungen in viel weniger als einem Sechstel der Fälle auftauchte.

Eines jedoch ist bei allen diesen Verfahren strengstens verboten: Wir dürfen nicht erst in den Sack schauen und dann die gewünschte Kugel ziehen. Die Auswahl muß *zufällig* sein.

* Hier benutzt Spencer-Brown eine damals übliche, logisch aber inkorrekte Notationsweise. Die Notation soll die Aussage „genau eine dieser sechs Alternativen p, q, r, s, t, u" wiedergeben und wäre also mit dem nichtausschließenden „oder" als „p oder q oder r oder s oder t oder u
und nicht (p und q)
und nicht (p und r)
:
und nicht (p und u)"
zu erläutern. (Anm. d. dt. Hrsg.)

7. Wahrscheinlichkeit als Indikator

Der Zufallsbegriff leitet sich teilweise von Glücksspielen her. So geht „Chance“ auf das lateinische *cadentia* (Kadenz) für das Fallen des Würfels zurück, während das Wort „random“ selbst seine Wurzeln im französischen *randir* hat, was rennen oder galoppieren bedeutet. Wir werden später sehen, wie diese scheinbar abseits liegende Idee der Schnelligkeit mit den Abläufen in Zufallsgeneratoren verknüpft wurde.

Das Zufallskonzept ist für die Idee der Wahrscheinlichkeit selbst grundlegend. Ursprünglich erforschte man Wahrscheinlichkeiten, um Wettstrategien für Glücksspiele auszurechnen. Hierbei beruhen die Kalkulationen auf einem streng als Verhältnis der Zahl betrachteter Fälle zu der Zahl möglicher Fälle gedeuteten Wahrscheinlichkeitsansatz. Beim Münzenwerfen etwa gelten zwei Fälle als möglich: Zahl und Wappen. Betrachten wir nur den Fall Zahl, so muß seine Wahrscheinlichkeit $1/2$ betragen. Ein weiteres Beispiel: Wie wahrscheinlich ist es, mit zwei Würfeln pro Wurf 11 Augen oder mehr zu erreichen? Die Anzahl der möglichen (also zulässigen) Fälle liegt eindeutig bei 36 (auf jede der sechs verfügbaren Seiten des ersten Würfels kommen sechs des zweiten). Von diesen 36 Möglichkeiten betrachten wir folgende drei: Beide Würfel zeigen die 6; der eine zeigt die 6, der andere die 5; und der eine zeigt die 5, der andere die 6. Wir definieren also die Wahrscheinlichkeit, mit zwei Würfeln pro Wurf 11 und mehr Augen zu erzielen, als $3/36 = 1/12$. Diese im Prinzip sehr einfache Methode wird bei allen Wahrscheinlichkeitskalkülen im Glücksspiel angewandt.

Bisher gingen wir davon aus, daß die benutzten Zufallsgeneratoren *unverzerrt* sind, was grob gesagt heißt, daß sie „auf lange Sicht“ keine der als möglich erachteten Fälle unzulässig bevorzugen. Für verzerrte Geräte müßten wir unser Modell leicht abwandeln, was in einem späteren Kapitel erfolgen wird.

Um aber etwa herauszufinden, ob irgendeine Münze verzerrt ist oder nicht, werfen wir sie hundertmal hoch und lassen sie frei fallen. Zeigt sie hierbei 99mal Zahl, so beweist uns das ziemlich sicher, daß sie entsprechend verzerrt ist, während wir bei nur 51mal Zahl keine besondere Verzerrung sehen. Das sind offenkundig Extremfälle einer bestehenden oder fehlenden Verzerrung. Doch wie steht es mit den Werten, die irgendwo zwischen den Extremen liegen? Angenommen, die Münze zeigte 60mal Zahl und vierzig Mal Wappen – dürften wir sie dann für eindeutig verzerrt halten? Die Antwort ist nicht ganz einfach und verlangt eine genaue Problemanalyse.

Zuerst müssen wir klären, was „verzerrt“ bedeuten soll. Zeigt eine Münze 51mal Zahl und 49mal Wappen, so unterstellen wir ihr keine Verzerrung, weil wir daraus nicht schließen können, daß Zahl auch künftig fast sicher über Wappen dominieren wird. Ein Mißverhältnis von 99 zu 1 ist dagegen so extrem, daß wir bei ähnlichen Versuchen zumindest einen gewissen Überschuß erwarten müssen – was teils auf Intuition, teils auf früheren Erfahrungen beruhen mag: Wir wissen, daß große Überschüsse eher wiederkehren als kleine.

Interessant ist, nach welchem Kriterium man gemeinhin mutmaßt, ob sich ein Überschuß von Zahl oder Wappen künftig wiederholen wird. Zunächst kombiniert und beurteilt man alle denkbaren Anordnungen von Zahl und Wappen, die sich bei hundert Würfen ergeben könnten. Dann ordnet man die Klassen nach Verzerrung: In die erste kommen alle Anordnungen, in die zweite solche mit höchstens 49mal Zahl oder Wappen, in die dritte solche mit höchstens 48mal usw., bis zu solchen mit kein Mal Zahl oder Wappen. Jede einzelne faktisch vorgefundene Anordnung wird der größtmöglichen Klasse zugeordnet. Nun gilt das Verhältnis ihrer zu allen anderen Möglichkeiten als die Wahrscheinlichkeit einer mindestens ebenso großen Verzerrung wie im jeweiligen Fall beobachtet. Wenn diese Wahrscheinlichkeit sehr gering ist, etwa $^1/_{20}$, dann soll die betreffende Verzerrung nicht zufällig, sondern kausal, das Resultat „signifikant“ sein – was bedeutet, daß unter gleichen Bedingungen ähnliche Überschüsse wiederkehren müssen. Allerdings gibt es hierfür keinen zwingenden Grund.

Gemeinhin wird angenommen: Setzt man das Signifikanzkriterium mit $p = {}^1/_{20}$ an, und erbrachte unser erster Versuch ein Resultat, das genau diesem Wert entspricht, so können wir damit rechnen, uns nur in jedem zwanzigsten solchen Erstversuch über die Wiederkehr eines gleich gelagerten Überschusses zu irren. Doch unser endgültiger *p*-Wert hängt ganz davon ab, nach was für einer Verzerrung wir in der Abfolge von Zahl und Wappen suchen, und im fraglichen Fall ging es nur um die Elementarverzerrung. Daneben gibt es jedoch viele Arten von komplexer Verzerrung (in Paaren, Trios usw.), die wir für relevant halten könnten, worauf wir den *p*-Wert einstellen müßten. Scheinbar ist nicht nur die *Ebene* unseres signifikanten *p*-Wertes willkürlich gewählt, sondern hängt dieser selbst auch direkt davon ab, was für eine Verzerrung wir gerade betrachten wollen.

Angenommen, ich habe einen Bekannten, Mr. X, der mich ganz selten besucht, aber eines Tages hinzukommt, als ich einen Gast habe, den er sehr gern sehen möchte. Sein Auftritt läßt zwei Erklärungen zu: Entweder es ist einer seiner seltenen Besuche, wobei er jedoch das Glück hat, die gewünschte Person zu treffen; oder der Besuch wurde aufgrund versteckter Andeutungen über meinen zweiten Gast speziell arrangiert. Falls wir nun entscheiden müßten, ob der Besuch kausal geplant war oder nicht, Mr. X selbst aber wegen der Etikette nicht danach fragen dürften, bescherte uns die Problemkonstellation zwei relevante Kriterien, worauf wir eine Entscheidung stützen könnten, nämlich folgende.

Das erste beruht schlicht auf der Seltenheit von Mr. X's Besuchen: Je seltener sie früher waren, desto mehr müssen wir argwöhnen, daß der jetzige Besuch nicht zufällig, sondern kausal geplant ist. Den zweiten Maßstab bildet mein Wissen darüber, wieviel Mr. X an einer Begegnung mit meinem anderen Gast liegt: Je stärker sein Begehren, desto weniger bin ich zu glauben geneigt, daß sein Besuch zufällig kam. Um mich zu entscheiden, muß ich somit diese beiden Kriterien gegeneinander abwägen.

Das erste erweist sich als ein einfacher Maßstab der statistischen Signifikanz, dem ich sogar einen *p*-Wert zuordnen könnte: Wenn mich Mr. X früher im Durchschnitt etwa alle hundert Tage besucht hätte, dann könnte ich die „Signifikanz" seines heutigen Besuchs mit $p = 0{,}01$ ansetzen. Fehlt als zweites Kriterium noch, was ich über die Gründe weiß, aus denen mich Mr. X diesmal planmäßig besucht haben könnte. Sofern ich nicht annehmen muß, daß er meinen anderen Gast sehen wollte, oder meine, daß er von dessen Anwesenheit gar nicht wissen konnte, werde ich Mr. X's Besuch – trotz der

„Signifikanz" des ersten Kriteriums – schließlich doch für einen Zufall halten. Falls ich jedoch glaube, daß er den anderen Gast unbedingt sehen wollte, und zudem annehmen muß, daß er von dessen Kommen wußte, könnte ich Mr. X's Besuch sogar dann als kausal geplant einschätzen, wenn er mich normalerweise ziemlich häufig besuchte.

Dieses Beispiel stellt unseren Umgang mit der Idee des Zufälligen in ein interessantes Licht. Beim Nachdenken über den Auftritt des Mr. X gehen wir davon aus, daß er eine Art „Zufallsgenerator" ist und halten daran fest, bis er etwas sehr Unwahrscheinliches macht, womit wir unsere Hypothese aufgeben. In diesem Sinne begreife ich d'Alemberts Axiom, daß sehr geringe Wahrscheinlichkeiten im Grunde null betragen. Theoretisch bestehe eine Chance von 2^{-100}, daß eine unverzerrte Münze hundert Mal hintereinander auf Zahl falle – käme jedoch faktisch eine solche Serie, dann könne die Münze eben nicht unverzerrt sein. Es sei inkonsequent, einem gewissen Ereignis eine positive Wahrscheinlichkeit zuzuordnen, es dann aber zu verbieten, sooft es auftrete. In diesem Fall wäre es wirklich völlig korrekt, ihm die Wahrscheinlichkeit null zuzuschreiben – und damit falsch, zu sagen, es habe eine Chance von 2^{-100}.

So müssen die Resultate von Zufallsgeneratoren wegen der Merkmale, die wir von ihnen erwarten, innerhalb gewisser Grenzen verbleiben. Bei Überschreitung dieser Grenzen bezeichnen wir das Ding sofort nicht mehr als „Zufallsgenerator". Die feststellbare Mindestwahrscheinlichkeit hängt davon ab, wie weit wir in einem experimentellen Leben zählen können. Alle geringeren Wahrscheinlichkeiten wären gleich, nämlich null.

Die Episode mit Mr. X beleuchtet auch unsere Idee der Kausalität. Betrachten wir ihn als einen Zufallsgenerator, so nehmen wir damit nicht an, daß seine seltenen Besuche unverursacht sind, sondern nur, daß er eigene Motive hat, die uns allerdings nicht interessieren. Sogar wenn wir voraussetzen, daß alle seine Besuche in irgendeiner Weise oder Beziehung kausal arrangiert sind, nennen wir sie weiter zufällig, solange ihre Ursachen offenbar nichts mit Ereignissen zu tun haben, die *uns selbst* angehen. Wir stellen uns Mr. X erst dann nicht mehr als einen Zufallsgenerator vor, wenn seine Planungen in bezug auf unsere eigenen voraussagbar werden. Die Idee des Zufalls nähert sich dem Begriff der Unabhängigkeit an und teilt seine Relativität.

Das Kausalitätsprinzip bildet sich heraus, um die Abhängigkeit bei empfindungsfähigen und bewußten Wesen zu beschreiben. Ich merke, wie sich mein besonderes Verhalten auf Menschen und Tiere, weniger nachhallend auch auf unbeseelte Objekte *auswirkt*. Es ist ein sehr ausgeklügelter, aber durchaus sinnvoller Schritt, das Prinzip auf völlig unbelebte Welten auszudehnen. So mag ich in einer Meßreihe feststellen, daß zwischen Wolkenhöhe und Höhe der Quecksilbersäule im Barometer ein Zusammenhang besteht – um dann von einer kausalen Anordnung zu sprechen, an der kein lebendiger Organismus beteiligt ist.

Absolut lebloses Material wird selten statistisch untersucht, was zum Teil auf einseitige Interessen zurückgehen dürfte. Sir Ronald Fishers berühmtes Teetassen-Experiment[1], mit dem er die Fundamente der modernen Statistik legte, sollte die Frage klären, ob zwischen Teezubereitung und dem persönlichen Geschmackseindruck ursächliche Zusammenhänge oder nur Zufallsbeziehungen bestehen. Der Aufbau ist rasch skizziert.

Eine Dame behauptet, am Geschmack feststellen zu können, ob zuerst Milch oder Tee eingeschenkt wurde. Vor ihr stehen acht Tassen Tee, je vier beider Arten. Man bittet sie, nach dem Geschmack jene vier Tassen zu bestimmen, in die zuerst Milch gefüllt wurde. Nehmen wir an, daß die Dame keinen Unterschied schmeckt und sich beim Versuch in einen „Zufallsgenerator" verwandelt. Die formale Problemanalyse ergibt, daß es $\binom{8}{4} = 70$ Möglichkeiten gibt, vier von acht Teetassen auszuwählen. Da hiervon nur eine in Betracht kommt, können wir die Chancen der Dame, alle vier Tassen beim ersten Versuch zu treffen, mit $1/70$ beziffern. Wenn sie also unter diesen Umständen alle vier fände, erschiene das Resultat so bemerkenswert, daß sie vielleicht doch kein „Zufallsgenerator" wäre.

Doch ein Problem bleibt, da wir bisher nicht berücksichtigt haben, in welcher Reihenfolge die einzelnen Teetassen dargereicht wurden. Bekanntlich neigen Menschen von sich aus dazu, in festen Mustern zu raten. Nehmen wir der Einfachheit halber an, daß die Dame, sofern sie keinen Unterschied schmeckt, und der Versuchsleiter selbst zu der Sequenz Milch, Milch, Milch, Milch, Tee, Tee, Tee, Tee neigen. Bei einem solchen Versuchsaufbau würde die Dame – ob sie nun einen Unterschied schmeckte oder nicht – tendenziell

1 R. A. Fisher (1947): The Design of Experiments. London.

richtig tippen. Das Versuchsziel wäre eindeutig verfehlt, die Prüfung der Signifikanz gescheitert.

Die gängige Methode, solche Schwierigkeiten zu überwinden, besteht darin, daß man die Reihenfolge der Darbietung randomisiert. In der Tat lassen sich ohne eine gewisse Form der Randomisierung gar keine gültigen Signifikanzmaßstäbe einführen. Deswegen müssen in Fishers Worten „die beiden Varianten des Testtrinkens ‚in einer zufälligen Reihenfolge' angeordnet werden. Das ist die einzige Versuchsphase, in der bewußt Gesetze des Zufalls ins Spiel kommen, die ansonsten ausschließlich der Häufigkeitsverteilung unterliegen sollen. Doch der Ausdruck ‚zufällige Reihenfolge' selbst ist als eine ungenaue Anweisung zu verstehen – als eine Art Kürzel für das vollständige Verfahren der Randomisierung, um zu verhindern, daß die Gültigkeit des Signifikanzmaßstabes durch nicht ausgeschaltete Fehlerquellen beeinträchtigt wird." Genau wie am Ende des vorigen Kapitels sind wir hier erneut auf die Idee der Randomisierung angewiesen, die im Folgenden näher beleuchtet werden soll.

8. Die Zufallsfolge

I

Angenommen, unser altes Auto springt nicht an, als gerade Mr. X im Inneren sitzt. Auf diese Verbindung der Ereignisse angesprochen, würden wir wahrscheinlich sagen, „sie hatten nichts miteinander zu tun", sondern trafen rein „zufällig" zusammen, da ihre Korrelation „nicht signifikant" war.

Denken wir uns nun zwei Cricket-Kapitäne, die beide wünschen, daß ihr Team anfängt. Da das unmöglich ist, müssen sie eine für beide annehmbare Lösung finden, wobei keiner von ihnen entscheiden darf, weil sonst der andere unzufrieden wäre und die gewählte Regel für unfair hielte. Daher entscheidet keiner der Kapitäne, sondern der „Zufall": Man wirft eine Münze. Zwar wird das Ergebnis auch dabei einem von ihnen mißfallen, aber beide akzeptieren es als fair, und später werden wir auch sehen, warum. Kehren wir jedoch vorerst zum Beispiel des Autos zurück.

Angenommen, bei den letzten sechs Versuchen sei der Motor drei Mal sofort angesprungen, und in den übrigen drei Fällen hätte Mr. X im Wagen gesessen. Wir schöpfen also Verdacht und vermuten irgendeine „reale" oder „kausale" Beziehung zwischen dem Nichtanspringen und der Präsenz des Mr. X. Wir könnten etwa sagen: „Das sieht aber gar nicht nach Zufall aus!" Selbstverständlich müßten wir zugeben, daß es gleichwohl Zufall sein könnte, hätten aber bereits ein anderes Gefühl.

Was also meinen wir, wenn wir das Streiken des Motors für „Zufall" (oder, wie es manchmal locker heißt, für „Pech") halten? Im Grunde nur, daß seine Beziehung zu irgendeinem weiteren Ereignis, mit dem wir es in Verbindung gebracht haben, in später beobachteten Fällen nicht anhalten werde. Sagen wir dagegen, sein Verhalten sei „nicht zufällig“, so unterstellen wir einen fortbestehenden Zusammenhang. Bei Würfelserien mit einem hohen Anteil von Sechsen neigen wir zu der Ansicht: „Das ist kein Zufall“ – wobei das logische Verfahren darauf beruht, die Serie in Gruppen aufzuteilen und festzustellen, daß sie alle mehr Sechsen als sonstige Werte aufweisen. Nach einer Weile erwarten wir diesen Zug bei der nächsten untersuchten Gruppe und können ihn voraussagen. Hier sind beide aufeinander bezogenen Ereignisse Wurfgruppen eines bestimmten Würfels und das Überwiegen der Sechs.

Nun käme im Fall unseres Motors der Moment, in dem wir eine echte Korrelation zwischen Mr. X und dem Streiken zu *argwöhnen* begännen. Mit „echte Korrelation“ ist lediglich gemeint, daß die Beobachtung wiederholbar wäre. Um also den Verdacht erhärten zu können, müßten wir für weitere Beobachtungen sorgen. Falls das Auto mit Mr. X als Insasse erneut nicht anspränge, in seiner Abwesenheit aber sofort, würden wir unseren Verdacht für *berechtigt* erklären – womit diese kuriose Datenverknüpfung letzten Endes kein Zufall wäre. Übrigens gälte dieses Urteil nicht nur für unsere neuesten (bestätigenden) Feststellungen über den Wagen und Mr. X, sondern auch rückwirkend, so daß alle früheren Fälle, in denen wir die Motorpanne mit Mr. X in Verbindung brachten, jedoch als Zufall ansahen, jetzt als *nicht zufällig* umgedeutet würden. Damit wird Irreales real und war Mr. X schon immer der Schuldige.

Doch angenommen, neue Beobachtungen zeigten – statt den Verdacht gegen Mr. X zu bestätigen – keinerlei Korrelation zwischen seiner Anwesenheit und dem Streiken des Motors. Was machen wir nun? Nach einigen Fällen beginnen wir zu vermuten, daß wir Mr. X vielleicht doch Unrecht getan haben, und wenn dann weitere Beobachtungen die ursprünglichen Daten „zur totalen Bedeutungslosigkeit verurteilt“ haben, geben wir unseren Irrtum zu und deuten alle früheren Fälle entsprechend um. Das Reale wird irreal, und wir entschuldigen uns bei Mr. X.

Stellen wir uns nur den etwas anderen Fall vor, daß der Motor bei den letzten 111 Startversuchen 73mal streikte, wobei stets Mr. X im Auto saß. Falls wir nun die ziemlich begründete Prognose wagen, daß der Wagen mit Mr. X als Insasse wieder ausfallen wird, künftig jedoch keinerlei Zusammenhang zwischen Mr. X's Anwesenheit und dem Anspringen des Motors besteht, so wirft das unsere Voraussage über den Haufen. Nun können uns noch so viele weitere Belege nicht mehr glauben machen, wir hätten die frühere Relation zwischen Mr. X und dem Wagen falsch beurteilt. Vielmehr würden wir die neuen, unserem anfänglichen Urteil widersprechenden Vorgänge in dem Sinne deuten, daß sich Mr. X's *Charakter verändert* habe. So sagen wir gleichsam, die neuen Fälle stammten aus einer *anderen Population*. Allerdings sind wir zu einer solchen Umdeutung der Daten – die Mr. X absolut freispräche – nur dann bereit, wenn die Erwartungshaltung nicht zu stark ausgeprägt ist.

Wir wollen beide Formen der Beurteilung genauer untersuchen.

Zunächst müssen wir die zu beurteilenden Datengruppen in folgender Form voneinander abgrenzen: Bei der ersten wollen wir voraussagen, was in weiteren ähnlichen Fällen geschieht. Bestätigt sich unsere Prognose später nicht, so können wir die Korrelation zwischen den genannten Ereignissen von „real" in „zufällig" umdeuten. Ist aber die in der ersten Gruppe festgestellte Verzerrung sehr ausgeprägt, so unterbleibt die Umdeutung als „zufällig", sofern nicht spätere Vorgänge sie bekräftigen. Statt dessen ordnen wir die neuen Fälle einer anderen, nicht relevanten Art zu. Wir gleichen also entweder frühere Beobachtungen späteren an, oder wir nehmen keine Umdeutung vor und erklären die späteren für anders geartet. Diese Regeln der Beurteilung spielen für das Konzept der Zufallsfolge eine wichtige Rolle.

Die „Zufälligkeit" einer homogenen Folge hängt davon ab, inwiefern ihre Elemente jeweils unerwartet und unvorhersehbar sind. Zerfällt die Folge jedoch wegen der Art ihrer Daten etwa in zwei, wovon nur eine „zufällig" ist, dann bedeutet das Wort „Zufälligkeit" hier in der Regel, daß sie „kein erkennbares Muster besitzt". Mit „unerwartet" meinen wir gewöhnlich individuelle Beobachtungen, die im primitiven Sinne des Wortes „zufällig" sein sollen, wogegen sich „unvorhersehbar" meist auf formale „Zufallsfolgen" bezieht. Manchmal gelten beide Termini als äquivalent, zumindest soll der zweite den ersten einschließen, doch diese Ansicht ist irrig, wie ich im nächsten Abschnitt zeigen werde. Bestenfalls taugt sie als eine Arbeitshypothese für gewisse weder sehr kurze noch sehr lange Folgen.

Kehren wir zu den Cricket-Kapitänen zurück, die eine Münze werfen, weil sie übereingekommen sind, daß keine Entscheidung befriedigend wäre, deren Ausgang einer von ihnen voraussehen könnte. Alternativ käme ein Boxkampf, Wettrennen oder Tischtennismatch in Frage, doch Münzenwerfen ist leichter und geht schneller. Weniger fair wäre es, einen Würfel zu nehmen und zu sagen: „Falls die Sechs kommt, fängt dein Team an, sonst meines", da man die Sechs erfahrungsgemäß nicht oft würfelt. Zwar wissen wir, daß es manchmal gelingt, würden aber kaum darauf wetten. Damit fehlt das Kriterium einer befriedigenden Lösung. Doch falls beide Kapitäne von Würfeln keine Ahnung hätten, wäre diese Entscheidung für *sie selbst* ganz in Ordnung, obwohl sie sachkundigen Zuschauern unfair erschiene.

Stellen wir uns nun vor, einer der Kapitäne hätte das Münzewerfen fünfzehn Mal hintereinander gewonnen. Gewiß schöpften wir Verdacht, daß er schummelte und den Ausgang aller Würfe im vorhinein *kannte*. Stellten wir auch noch fest, daß er eine Münze mit zweifacher Zahl benutzte, würde unser Verdacht mehr als erhärtet. Könnte er jedoch beweisen, daß er nichts von der gezinkten Münze wußte, so wäre ihm kein Betrug vorwerfbar: Da die Regel der Unvorhersehbarkeit nicht verletzt worden wäre, hätten alle fünfzehn Würfe zufällige – also unvorhergesehene – Resultate. Zwar bevorzugte die gezinkte Münze faktisch eines der beiden Teams, aber das wäre eben *Glück*.

Betrug hängt somit nicht von den eingesetzten Mitteln ab, sondern vom geheimen Wissen des Betrügers – wie das fiktive Beispiel eines Menschen veranschaulicht, der mittels blitzartiger Beobachtung und Berechnung schon im Flug voraussagen könnte, auf welche Seite eine Münze fiele. Er machte sich genauso des Betrugs schuldig wie jemand, der seinen Tip auf eine Münze mit zweifacher Zahl stützte. Doch zwischen beiden Fällen besteht eine bedeutsame kulturelle Differenz: Da es deutlich mehr gezinkte Münzen als Blitzrechner gibt, richten sich die Regeln der Fairneß besonders gegen jene, weshalb wir sie zur Abschreckung strenger verurteilen. Auch bestünde eine Tendenz, aus schierer Bewunderung nachsichtig gegenüber dem Blitzrechner zu sein, während wir Leute mit gezinkten Münzen eher nicht bewundern dürften.

Nunmehr sind die beiden Bedeutungen von „Zufall" klar voneinander unterschieden. Bis wir Schummelei zu vermuten begannen, waren die Ergebnisse aller fünfzehn Münzwürfe insofern „zufällig", als kein Beobachter sie erwarten (voraussehen) konnte. Hätte ein Beobachter jedoch ab dem fünfzehnten Mal „Zahl" in Folge begonnen, den jeweils nächsten Wurf vorauszusagen, so wären die

Ereignisse *von da an* aus keiner Sicht mehr „zufällig" gewesen. Das betrifft zwar nicht jene Würfe *davor*, aber aus Gewohnheit deuten wir frühere Ereignisse im Lichte der späteren um. Dennoch waren sie, als individuelle Ereignisse, gewiß insofern „zufällig", als sie bei ihrem Eintreten nicht schlechthin erwartet wurden. Wenn wir sie dann als „nicht zufällig" umdeuten, verwenden wir den Begriff „zufällig" in einem anderen Sinne: Jetzt sprechen wir über die Folge selbst, die als solche gewiß nicht zufällig ist, da sie ein klares Muster aufweist – nämlich daß alle ihre Elemente gleichartig sind. Falls aus der Prämisse „Die Folge ist nicht zufällig" darauf geschlossen wird, daß „ihre jeweiligen Ereignisse nicht zufällig waren", so ist das ein simples logisches Wortspiel mit zwei verschiedenen Bedeutungen des Begriffs „Zufall".

II

Im vorigen Abschnitt wurde zwischen zwei Bedeutungen von „Zufall" unterschieden, die erste auf diskrete Ereignisse, die zweite (oft mit „Randomisation" gleichgesetzt) nur auf Folgen von Ereignissen bezogen. Der Klarheit halber nenne ich den ersten Fall „primärer Zufall" oder „primäre Randomisation", den zweiten „sekundärer Zufall" oder „sekundäre Randomisation".

Demnach ist ein Ereignis dann primär zufällig, wenn wir im Rahmen der betrachteten Möglichkeiten nicht sicher angeben können, ob es auftreten wird oder nicht. Bei der primären Zufälligkeit haben wir als einziges relevantes Kriterium, daß wir raten können. Daraus folgt, daß dieser Begriff nur auf *bevorstehende* Ereignisse anwendbar ist, nicht jedoch auf *bekannte* frühere Ereignisse, weil man diese nicht mehr raten kann. Deshalb wissen wir bloß: *Könnte* man sie raten, so *wären* sie primär zufällig. Weiterhin ist der Begriff des „primären Zufalls" auf *Mengen* von Ereignissen nur über ihre einzelnen Elemente anwendbar. Schließlich weist der Begriff insofern gewisse Ähnlichkeiten mit ethischen Werten wie dem „des Guten" auf, als er sich im subjektiven Kontext analysieren läßt. So könnte jemand ein bestimmtes Ereignis erwarten, ohne zu raten, das für einen anderen unerwartet, aber erratbar sein mag. Deshalb ist es kein Widerspruch, wenn letzterer sagt: „Es ist zufällig" – ersterer hingegen: „Nein, es ist nicht zufällig".

Obwohl die sekundäre Zufälligkeit ein eher objektiver Begriff ist, darf man die Idee ihrer Objektivität nicht übertreiben. Da sie nur ganzheitlich aufgefaßte Ereignis- und Beobachtungsfolgen betrifft, haben Zufallsfolgen keine erkennbaren Muster. Allerdings ist diese Definition weniger verbindlich, als wir es vielleicht gern hätten. Würde etwa „Farbe“ als „Spektralfarbe“ definiert, dann könnten wir graue Objekte schlicht als „farblos“ bezeichnen – statt von „keiner erkennbaren Farbe“ zu reden. Es führt auch nicht weiter, diesen Typ der Randomisation – den von Wright „mathematischer Zufall“ nannte[1] – als „Unempfänglichkeit für die Selektion nach mathematischen Regeln“ auszugeben, denn dabei hängt es nun ganz von den gewählten Prüfregeln ab, ob eine Folge zufällig ist oder nicht.

Offenbar hat der Brauch, nicht zwischen den beiden Bedeutungen der „Zufälligkeit“ zu unterscheiden, viel Verwirrung gestiftet. Weiter unten werde ich zu zeigen versuchen, daß die beiden Begriffe, auch wenn sie manchmal grob auf die gleiche Datenmenge anwendbar sind – der eine nur auf die Einzelaspekte, der andere auf die ganze Menge – nicht auseinander abgeleitet werden können, einander letzten Endes sogar ausschließen.

Angenommen, wir bildeten aus Nullen und Einsen eine Folge, um sie einer Versuchsperson vorzuführen, die uns jeweils mitteilt, welche direkte Fortsetzung sie erwartet, wobei wir es nach jedem Versuch so einrichteten, daß nur etwa die Hälfte der Tips zuträfe. Damit wäre für die Testperson jedes Ereignis der Folge definitionsgemäß „primär zufällig“, wenngleich ihr die Folge selbst offenbar nicht „sekundär zufällig“ erschiene.

Betrachten wir nun ein anderes Beispiel. Angenommen, wir erhielten eine Folge von tausend Einsen und Nullen, die, stur nach Häufigkeit definiert, „sekundär zufällig“ sein soll: Schon vierzig Nullen mehr oder weniger als fünfhundert verstießen gegen die Norm. Wenn wir nach neunhundert der Ziffern bereits fünfhundert Nullen hätten, jedoch wüßten, daß die Folge als ganze sekundär zufällig ist und dem Kriterium genügen muß, dann könnten wir nun voraussagen, daß die Folge bei den letzten hundert Proben mindestens 22 mehr Einsen als Nullen aufweisen muß. Daraus folgt

1 G. H. von Wright (1940): *Mind* 49, S. 279.

aber, daß wir Einsen fast sicher prognostizieren könnten, womit diese Stichproben im Hinblick auf Einsen und Nullen nicht mehr ganz primär zufällig wären.

Manchmal kann ein Beobachter demnach die einzelnen Ereignisse in einer Folge primär und daneben die Folge selbst sekundär zufällig nennen, doch in anderen Fällen schließt ersteres das letztere aus – oder umgekehrt.

Bei dem Bemühen, die verschiedenen Zufallsbegriffe zu präzisieren, blieb das empirische Problem meist unberührt. So bietet von Wright folgende Definition der „absoluten Zufälligkeit“[2]:

> Die Verteilung von *A* in *H* wird zufällig genannt, wenn es kein Merkmal *G* gibt, nach welchem *A*'s relative Häufigkeit in *H* und *G* von der in *H* abweicht.

Faktisch hindert uns eine geringe Differenz zwischen der relativen Häufigkeit *A*'s in *H* & *G* und in *H* offenbar nicht an dem Urteil, daß *A* zufällig in *H* verteilt ist. Doch das ist eher ein faktisches als ein logisches Bedürfnis, da uns ein strenges Differenzkriterium in das gleiche logische Dilemma verstricken würde wie zuvor: Welches Kriterium der „Signifikanz“ wir auch verwenden – das heißt, welche willkürliche Differenz zwischen den relativen Häufigkeiten *A*'s in *H* & *G* und in *H* wir setzen, um nicht unterstellen zu müssen, daß *A* zufällig in *H* verteilt ist –, wir wissen doch stets: Wenn wir sehr viele solcher Folgen nehmen, und das Kriterium in allen *unverletzt* bleibt, kommt früher oder später der Moment, da sie *nicht* mehr als zufällig gelten könnten. Kurz, wir vermuten, bei einer hinreichend großen Anzahl „zufälliger“ Folgen alle möglichen Permutationen der Elemente anzutreffen. Am amüsantesten äußerte sich dieses Theorem im Bild des Affen an der Schreibmaschine, der so lange wild in die Tasten haut, bis dabei alle Shakespeare-Sonette oder etwas ebenso Unwahrscheinliches – etwa der *Faust* – herauskommen. Diesen Ansatz nenne ich das „Affentheorem“, doch in diesem Fall wäre auch seine Umkehrung anwendbar.

In der oben zitierten Definition hängt die Zufälligkeit von *A* in *H* davon ab, daß *ein Merkmal G fehlt*, wonach *A* relativ häufiger (oder seltener) in *H* & *G* vorkommt als in *H*. Dagegen kann man offenkun-

2 G. H. von Wright (1951): A Treatise on Induction and Probability. London, S. 229.

dig einwenden, daß irgendein *Merkmal G* letzten Endes immer auffindbar ist. Das veranschaulicht Bertrand Russell wie folgt[3]:

> Nehmen wir etwa die Nummern aller Taxis, die ich schon benutzt habe, und die Uhrzeiten der Fahrten. Damit haben wir eine endliche Menge ganzer Zahlen und eine endliche Anzahl ihnen entsprechender Zeitangaben. Wenn n die Anzahl der zur Uhrzeit t geheuerten Taxis ist, dann läßt sich – mit unendlich vielen Versuchen – gewiß eine Funktion f finden, so daß die Formel
>
> $$n = f(t)$$
>
> für alle bisher aufgetretenen Werte von n und t gilt.

Damit haben wir das umgekehrte Affentheorem. So gesehen liegt die praktische Bedeutung der Zufallsdefinition von Wrights keineswegs im Fehlen eines Merkmals *G* etc., sondern nur in der Tatsache, daß wir nicht erwarten, ein solches Merkmal durch „*Zufallstreffer*" zu finden. So müssen wir den Zufall mit sich selbst erklären, was – wie J. M. Robertson vor langer Zeit darlegte[4] – bedeutet, daß wir „den Zufall nur zufällig messen können".

Von Mises versuchte, diese offenkundige Schwierigkeit zu umgehen[5], und definierte – um nicht das umgekehrte Affentheorem anwenden zu müssen – alle Zufallsfolgen, die er den „Kollektiven" zuwies, als unendlich lang. „Kollektive" definierte er als Folgen, in denen sich der Quotient vorhandener Elemente fortschreitend einem bestimmten Grenzwert annähert und jede Stellenselektion eine neue Folge mit denselben Elementen und dem gleichen Grenzquotienten hervorbringt. Gegen diese Ansicht gibt es jedoch starke Einwände. Abgesehen von den praktischen Schwierigkeiten, unendlich lange Folgen auf Zufall zu testen, haben mein Kollege Kneale[6] und andere nachgewiesen, daß die Ideen der Grenze und der Unendlichkeit bislang bloß auf Folgen mit formalen Konstruktionsregeln angewandt wurden; da Übereinkunft herrscht, daß Zufallsfolgen keine solchen Regeln haben können, muß man grundsätzlich

3 B. Russell (1948): Human Knowledge, Its Scope and Limits. London, S. 329.
4 J. M. Robertson (1902): Letters on Reasoning. London, S. 108.
5 R. von Mises (1939): Probability, Statistics and Truth. London.
6 W. Kneale (1949): Probability and Induction. Oxford.

am Sinn der Begriffe Grenze und Unendlichkeit in dieser Definition zweifeln. Weiterhin hat Fry die Verwendung des Grenzbegriffs kritisiert und gezeigt[7], daß Folgen von unabhängigen Ereignissen jede Grenze überschreiten können, so daß es überhaupt keine Grenze gibt.

In Zufallsfolgen gelten nicht nur die atomistischen Ereignisse als primär zufällig, sondern auch alle molekularen, etwa als Einheiten aufgefaßte Zehnergruppen atomistischer Ereignisse. Deswegen können nicht alle diese molekularen Ereignisse sekundär zufällig sein (so das Affentheorem). Wenn wir nun annehmen, daß sich die molekularen (etwa alle Zehnermuster von atomistischen) Einheiten im Rahmen des Möglichen genauso unvorhersehbar verhalten wie jene Grundeinheiten selbst, dann besitzen wir eine Methode, um die relative Häufigkeit einer gegebenen Musterart (zum Beispiel Zehnergruppen benachbarter Einheiten, von denen mehr als sieben identisch sind) in gegebenen Folgen oder Segmenten auszurechnen. Darauf beruht Bernoullis Regel der großen Zahlen, und die bestehende Theorie erlaubt nur insofern verläßliche Prognosen, als die oben formulierte Annahme für *einige* natürliche Folgen zutrifft. Betrachten wir jedoch die Konsequenzen dieser Annahme für längere Folgen.

In einer Zufallsfolge sollen aus fünf Ziffern bestehende Zifferngruppen die Ereignisse bilden. Da die Folge zufällig ist, haben wir keinen Grund, irgendeine spezielle Gruppe wie „12345" mehr zu erwarten als etwa „32213" oder „00000". Wie wir leicht ausrechnen können, gibt es bei fünf Standardziffern*, Wiederholungen inklusive, genau 100 000 verschiedene Permutationen. In einer Million dieser Zifferngruppen sollten wir also mit etwa zehn von jeder rechnen – das wären rund zehnmal 00000, zehnmal 00001, zehnmal 00002 und so fort. Warum ungefähr *zehn*? Weil sich 100 000 Möglichkeiten auf eine Million Fälle verteilen. Träte etwa die Gruppe 00000 ständig rund dreißigmal pro Million auf, so erwarteten wir sie bald mehr als andere, und falls sich dies bestätigte, wäre die Gruppe 00000 nicht wie vermutet ein primär zufälliges Ereignis.

7 T. C. Fry (1928): Probability and its Engineering Uses. New York, S. 88–91.
* gemeint sind die Ziffern des Dezimalsystemes „0", „1", … „9") (Anm. d. dt. Hrsg.)

Warum *ungefähr* zehn? Wüßten wir, daß es genau zehn sind, und hätten bereits etwa die ersten 99 990 fünfstelligen Einheiten untersucht, ohne Gruppen mit fünf Nullen zu finden, so müßten alle letzten zehn solche mit fünf Nullen sein und hätten nichts primär Zufälliges mehr.

Denken wir uns eine extrem lange, in Gruppen von je einer Million Ziffern unterteilte Folge. Da es $10^{1000000}$ verschiedene derartige Gruppen gibt, werden wir – sofern sie primär zufällig sind – pro Folge von $10^{1000001}$ Stück etwa zehn jeder Art erwarten. In einer Zufallsfolge von $10^{1000007}$ Ziffern müßen wir daher mit etwa zehn Teilfolgen von einer Million Nullen in Folge rechnen.

Stellen wir uns einen Beobachter an seinem Gerät zur Erzeugung von Zufallszahlen vor, der am Beginn einer dieser Teilfolgen mit einer Million Nullen in Folge angelangt wäre. Wird er die Folge zufällig nennen? Vielleicht ja, falls er ständig mit langen Folgen von etwa $10^{1000007}$ Ziffern zu tun hat. Als ein normaler Beobachter, der mit ungefähr siebzig stirbt, dürfte er schon nach fünf Nullen in Folge etwas überrascht sein, nach zehn langsam dem Gerät mißtrauen, nach zwanzig seine Laborgehilfen hinzuziehen, und wenn er zufällig eine Tabelle von Zufallszahlen zu wissenschaftlichen Zwecken anfertigt, wird er die Befunde sicher ab dem Moment, als die Nullen begannen, für völlig unpublizierbar halten.

Das Dilemma kann man auch anders darstellen. Angenommen, wir wären Organismen mit einem sehr geringen Beobachtungstempo, die in einer Lebenszeit selten höher als bis fünf zählen. Dann könnte uns ein Wechsel von Einsen und Nullen zufällig erscheinen, doch eine Folge von etwa zwei Nullen käme uns schon signifikant lang vor.

Von welcher Seite wir es auch betrachten – das Dilemma besteht. Um die Wahrscheinlichkeitstheorie für die wissenschaftliche Forschung praktisch auslegen zu können, müssen wir molekulare Ereignisse als primär zufällig betrachten, doch damit bekommt unsere Zufallsfolge unbegrenzte Möglichkeiten der vorhersehbaren Wiederholung, die wir nicht im herkömmlichen Wortsinne „zufällig“ nennen könnten; sobald unsere Zufallsfolge also eine dieser Möglichkeiten zu realisieren beginnt, kämpfen wir dagegen an, indem wir am Gerät herumwerkeln oder versuchen ihre Publikation zu unterdrücken und sie insgesamt zu verschweigen. Als die von Sir Ronald Fisher und Yates für eine Publikation vorgesehenen

Zufallszahlen[8] den Test nicht bestanden, manipulierten sie so lange herum, bis es klappte. Kendall und Babington Smith[9] dagegen unterdrückten 10 000 ihrer Zahlen.

Damit liegt auf der Hand, daß der Zufallsbegriff durch Betrachtung längerer Folgen keineswegs strenger, sondern im Gegenteil nur noch vager und bei unendlich langen Folgen sogar absolut widersprüchlich wird – das heißt, in unendlichen Folgen wird das Unmögliche sicher passieren!

8 R. A. Fisher / F. Yates (1949): Statistical Tables for Biological, Agricultural and Medical Research. London.
9 M. G. Kendall / B. Babington Smith (1939): Tables of Random Sampling Numbers (Tracts for Computers XXIV). Cambridge.

9. Die Paradoxa der Wahrscheinlichkeit

Im vorigen Kapitel wurde dargelegt, daß der Zufallsbegriff letzten Endes in sich widersprüchlich ist. Dies läßt sich weiter wie folgt veranschaulichen. Wir haben einen Zufallsgenerator, der Reihen von Einsen und Nullen herstellt. Zu Versuchszwecken benötigen wir eine Zufallsfolge aus 16 Einsen und Nullen. Also schalten wir das Gerät ein, und es bildet eine Folge von 16 Nullen. Selbstverständlich lehnen wir diese als ungeeignet ab, vermuten eine Verzerrung in der Maschine und bitten den Hersteller um Reparatur. Danach brauchen wir für ein sehr langes Experiment eine Zufallsfolge aus zwei Millionen Einsen und Nullen, lassen das Gerät die ganze Nacht über laufen und stellen bei Prüfung überrascht fest, daß unter den zwei Millionen Einsen und Nullen kein einziges Mal sechzehn Nullen in Folge vorkommen. Erneut vermuten wir eine Verzerrung und geben das Gerät zurück.

Doch was soll der Hersteller zu alledem sagen? Zuerst schicken wir das Gerät zurück, weil es sechzehn Nullen in Folge auswarf, worauf er eine Vorrichtung einbaut, um das zu verhindern. Dann beschweren wir uns, weil es nie sechzehn Nullen in Folge bildet. Was soll er nun machen? Erst lehnen wir etwas ab, und dann fehlt es uns. Offenbar sind wir nie zufrieden.

Würde der Hersteller genau darauf achten, was uns am Verhalten der Maschine stört, so könnte er sich etwas Schlaues einfallen lassen, um zu berücksichtigen, daß wir sechzehn Nullen in Folge bei kurzen Reihen ablehnen, bei langen Folgen jedoch wünschen. Er könnte große Häufungen von Einsen oder Nullen in kürzeren Reihen verhindern, in längeren dagegen fördern, wozu er eine Art Meßuhr brauchte, da die zulässige Häufung von der jeweiligen Betriebsdauer abhinge.

Doch ein Zufallsgenerator ist eben ein Gerät, das (in diesem Fall) genauso wahrscheinlich eine Eins wie eine Null auswerfen soll, und dies stets ungeachtet dessen, wieviele Nullen und Einsen bis dahin schon auftraten. Das gleiche gilt für die Paare 00, 01, 10 und 11, für Trios, Quartette und so fort.

Wir messen die Wahrscheinlichkeit an dem, was vorher geschah; wenn wir nur sechzehn Nullen in Folge sehen, können wir allein aufgrund dessen Nullen und Einsen nicht für gleich wahrscheinlich erklären; vielmehr sind die Nullen eindeutig wahrscheinlicher. Betrachten wir aber sehr lange Reihen, so ist genügend Raum, um einförmige Muster, wie etwa sechzehn Nullen in Folge, häufig zu wiederholen. Da es nur 65 536 verschiedene Muster von sechzehn Einsen und Nullen in Folge gibt, sollte eine Zufallsfolge von etwa zehn Millionen Einsen und Nullen jedes Muster rund zehn Mal enthalten, um die Grundbedingung gleicher Wahrscheinlichkeit zu wahren.

Angenommen, wir veränderten die Zufallskriterien je nach Länge der gesehenen Folge, akzeptierten also nolens volens jene Vorrichtung, die der Hersteller schließlich bereitwillig in das Gerät einbaute, um zu erreichen, daß bei kurzen Reihen von bis zu dreißig Ziffern höchstens fünfzehn Nullen in Folge auftreten können. Nun brauchen wir für unser nächstes Experiment etwa dreißig Zufallszahlen. Wir schalten das Gerät ein, und anfangs bildet es einige Einsen, dann aber fünfzehn Nullen in Folge. Als ein guter Zufallsgenerator muß es in seinen Grenzen bleiben, so daß die nächste Zahl keine Null, sondern nur eine Eins sein kann. Damit bleibt die Null aber nicht gleich wahrscheinlich, wie es unser Kriterium der Unabhängigkeit atomistischer Ereignisse verlangt, und das Gerät kann kein guter Zufallsgenerator sein.

Genau dieser eklatante Widerspruch veranlaßt viele Autoren, sich beim Thema der Wahrscheinlichkeit über jene Glücksspieler lustig zu machen, die an „reife Chancen" glauben. Ich zitiere aus *The Science of Chance* von Horace C. Levinson:

> Angenommen, Sie spielen mit einem gewissen Mr. Smith Zahl oder Wappen um einen Dollar pro Wurf, und Smith überläßt durchweg Ihnen die Entscheidung für Zahl oder Wappen. Wie würden Sie den nächsten Tip wählen – Wappen oder Zahl –, wenn in einem bestimmten Moment des Spiels zehnmal hintereinander Zahl gekom-

men wäre? Die Theorie der „reifen Chancen" rät Ihnen dringend, auf Wappen zu wetten, „da" – so heißt es – „der Anteil von Zahl, wenigstens in den letzten Würfen, bereits überschritten wurde, so daß die Chancen für Wappen besser stehen, um das Gleichgewicht wiederherzustellen".

Levinson will mit einer Folge von Argumenten beweisen, wie abwegig dieser Gedanke ist. Allerdings vergißt er das Überzeugendste – die „Chancentheorie" setzt voraus, daß in Zufallsfolgen jedes Ereignis von allen anderen unabhängig ist, und von dieser Prämisse kann man nicht auf Abhängigkeit schließen – und beruft sich am Ende nur auf Experimente. Leider zitiert er nur einen Versuch, bei dem er sogar einräumen muß, „daß die Gesetze des Zufalls *nicht* befolgt wurden". Weiter schreibt er:

> Es ist seltsam, aber nicht unbedingt erstaunlich, daß Spieler meist zu einer anderen Theorie neigen, die dem Modell der „reifen Chancen" direkt widerspricht. Diesem zweiten Prinzip zufolge soll man auf jene Chancen setzen, die *am häufigsten* wiedergekehrt sind. Es scheint angemessen, hierbei von „unreifen Chancen" zu sprechen. Offenbar soll man diesem Ansatz folgen, wenn die Reife-Empfehlung versagt. Doch in der Praxis dürfte es ziemlich schwierig sein, zu entscheiden, wann die eine Theorie nicht mehr gilt und die andere Platz greift.

Levinsons Argumente gegen die Hypothese der reifen Chancen weichen, ebenso wie die anderer Autoren, dem Hauptproblem grundsätzlich aus. Gewiß muß auf einen Überschuß von Zahl nicht unbedingt ein solcher von Wappen folgen, um „das Gleichgewicht wiederherzustellen". Doch Levinson betont, wenn der ursprüngliche Überschuß konstant bleibe, werde er den Anteil von Zahl an der Summe der Würfe mit wachsender Folge immer weniger beeinflussen, was völlig irrelevant ist. Dabei bleibt unberücksichtigt, daß jeder Zufallsgenerator die gebildeten Reihen im Rahmen unserer vorgegebenen Zufallskriterien halten muß. Wenn der Überschuß irgendeines Elements einen bestimmten Grenzwert erreicht, dann müssen wir beurteilen, ob der Apparat nun ein guter oder ein verzerrter Zufallsgenerator ist.

Angenommen, wir setzen beim Roulette nur auf Rot oder Schwarz. Als gute Statistiker wählen wir ein Signifikanzkriterium dafür, ob das Roulette verzerrt ist. Hier genügt ein vereinfachtes

Kriterium der Rot- oder Schwarzserien, um das Prinzip zu veranschaulichen, wobei man sofort die allgemeine Regel erkennt.

Wir beschränken uns auf einen Zeitraum von einem Tag und entscheiden,* daß Serien von zwanzigmal Rot oder Schwarz schon eindeutig „signfikant" sind, um das Roulette als einen schlechten Zufallsgenerator abzulehnen. Nun tritt eine Serie von 19 Mal „Rot" auf, und wir müssen den nächsten Chip setzen. Wählen wir Rot oder Schwarz? Entscheidend ist, ob wir den Apparat für einen Zufallsgenerator halten oder nicht, was sich in unserem nächsten Einsatz äußern muß. Falls wir erneut auf „Rot" setzten, also an die zwanzigste Stelle der Serie glaubten, hielten wir die Maschine für verzerrt. Daher müßten wir, um sie als einen guten Zufallsgenerator anzuerkennen, auf „Schwarz" setzen. Unsere Überzeugung erfordert demnach, daß wir uns ab einer gewissen Stufe auf reife Chancen verlassen.

Deshalb setzen wir auf „Schwarz", doch erneut kommt „Rot". Unsere Hypothese der reifen Chancen (und damit unser Glaube an die Maschine als Zufallsgenerator) ist gescheitert, und nun können wir nur noch annehmen, daß die Maschine zum „Rot" hin verzerrt ist, und künftig auf diese Farbe setzen. Das entspräche auf jeden Fall dem gesunden Menschenverstand – obgleich Levinson triefend ironisch, wenn nicht gar bissig, darüber herzieht.

Man kann Levinson auch kaum folgen, wenn er dem Spieler empfiehlt, seine Strategie auf klare Experimente zu stützen. Gewiß bietet die Wahrscheinlichkeit nichts Klareres als den Schluß: Wenn ein Gerät in Reihen stets ein Element überschüssig produziert, dann wird es auch künftig hierzu neigen.

Philosophen kennen die paradoxe Ankündigung: Eine Meldung lautet, daß an einem Tag der folgenden Woche zu einer bestimmten Zeit ein Probealarm stattfinden wird, doch wegen des Überraschungseffektes bleibt das Datum offen. Lassen wir die Woche am Sonntag beginnen, so müßte der Alarm spätestens am Samstag zur angegebenen Uhrzeit stattfinden, könnte also ab freitags nicht mehr „überraschend" im Sinne der Bekanntmachung sein – daher wäre

* Die Entscheidung für Serien von zwanzigmal Rot oder Schwarz hat mit dem gewählten Zeitraum nichts zu tun, sondern ist eine ebenso willkürliche Festlegung. Insofern wäre das englische „decide" besser mit „beschließen" zu übersetzen. (Anm. d. dt. Hrsg.)

nicht Samstag, sondern schon Freitag der letztmögliche Termin. Genau das gleiche gilt für den Donnerstag, den Mittwoch, den Dienstag und so fort: Jeder Tag der Woche wäre ausgeschlossen, so daß der Alarm den angekündigten Bedingungen an keinem einzigen Datum genügen könnte. Doch das ist absurd, denn praktisch kann der Alarm an jedem beliebigen Tag der Woche überraschend kommen. Das Paradox ist zwar pfiffig, aber die Häufigkeitslehre der Wahrscheinlichkeitstheorie kommt ihm dennoch bei.

Denken wir uns einen Zufallsgenerator, der hundertstellige Reihen aus Nullen und Einsen bildet, und wählen ein Signifikanzkriterium, wonach keines von beiden Elementen um mehr als 25 überwiegen darf, um übermäßig verzerrte Reihen auszuschließen. Als Zufallsgenerator muß sie daneben jedoch der Unabhängigkeitsregel genügen, das heißt wir dürfen aufgrund des Bisherigen nie voraussagen können, was als nächstes geschehen wird. Wir schalten das Gerät ein und sehen, daß es bei der neunzigsten Stelle der Hunderterreihe bereits 62 Nullen erzeugt hat. Da die Folge bei einer weiteren Null abzulehnen wäre, darf es dazu nicht kommen, also müßten alle folgenden zehn Ziffern Einsen sein. Doch auch das genügte nicht, da wir nun sogar absolut sicher sein könnten, womit die 62ste Null in diesem Rahmen erst an allerletzter Stelle kommen dürfte. Angenommen also, wir hätten bis zur neunzigsten Stelle erst 61 Nullen gezählt. Nun wissen wir, daß alle restlichen Ziffern mindestens bis zur vorletzten Einsen sein müssen, was erneut eine unzulässige Gewißheit wäre. Probieren wir es daher mit der Annahme, daß wir bis zur neunzigsten Stelle erst sechzig Nullen gezählt haben. Wenn dabei unter den nächsten sechs Ziffern eine Null wäre, stünden wir vor dem gleichen Problem wie zuvor, so daß alle sechs Ziffern Einsen sein müssen.

Diese Argumentation läßt zwar einen ebenso absurden Schluß zu wie die paradoxe Ankündigung, erlaubt jedoch zumindest Zweifel an den probabilistischen Ideen der Häufigkeit und der Grenze. Jedenfalls kann die mögliche Schwankung einer Wahrscheinlichkeitsreihe nicht begrenzt sein, und das zieht weitere Probleme nach sich. So lautet eine Bedingung dafür, daß ein Ereignis *E* die Wahrscheinlichkeit ½ haben kann: Falls wir den Wert prüfen möchten, müssen wir manchmal eine Quote bekommen, aus der sich etwa eine Wahrscheinlichkeit von $\frac{1}{20}$ ergibt. Zwar muß die Quote nicht in jedem Fall $1/20$ betragen, wichtig ist aber: Wenn wir *nie* ein Resultat erhalten, das $p = 1/20$ nahelegt, dann können wir auch nicht $p = 1/2$ behaupten. Das gleiche gilt, wenn unsere Prüfung der Aussage $p = 1/2$ keine Quote von $p = 1/1\,000\,000$, $p = 999/1\,000$ oder was es auch sei, ergeben kann. Indem wir Kriterien für die Geltung der Aussage $p = 1/2$ ausfindig machen, stellen wir somit fest, daß die Quote $E : E \;\&\; \overline{E}$ bei den meisten Tests nicht $1/2$ sein darf. Doch gewiß muß der Wert von $E : E \;\&\; \overline{E}$* in irgendeiner Phase auch gleich $1/2$ sein.

Auch dieses Paradox hat seine Umkehrung. Eines der Kriterien für die Geltung der Aussage: Die Wahrscheinlichkeit des Ereignisses E ist nicht $1/2$, besteht darin, daß der Wert von $E : E \;\&\; \overline{E}$ manchmal $1/2$ sein muß.** Hat Ereignis E die Wahrscheinlichkeit p, dann muß in irgendeiner Phase die Quote $\frac{E}{E \;\&\; \overline{E}} = p$ und in einer anderen auch $\frac{E}{E \;\&\; \overline{E}} \neq p$ gelten. Doch genau das gleiche gilt, wenn man die Aussage „Ereignis E hat die Wahrscheinlichkeit nicht-p" prüfen will. Das Paradox ist auch nicht dadurch überwindbar, daß man etwa im ersten Fall sagt, zwar seien die Kriterien notwendig, aber die erste Quote müsse häufiger gelten als die zweite. Dann könnten wir nämlich fragen: *Um wieviel häufiger?*, womit das Paradox auf einer anderen Ebene wiederkehrte. Sobald wir die Frage „Um wieviel häufiger?" beantworten, schreiben wir dem Wahrscheinlichkeitskontext eine Grenze zu, so daß er – wie gesehen – kein Wahrscheinlichkeitskontext mehr ist.

Wie gezeigt, ist die Tautologie eine zutreffende, aber unnütze, der Widerspruch hingegen eine sowohl unnütze als auch falsche

* Mit „$E \;\&\; \overline{E}$ " sind die Ereignisse gemeint, die unter E fallen, einschließlich der Ereignisse, die unter „nicht-E" fallen, hier als $\overline{E}$ dargestellt. Logisch ist das die Gesamtheit der Ereignisse, die unter E oder $\overline{E}$ fallen, also *aller* Ereignisse. Das hier von Spencer-Brown verwendete „und"-Symbol „&" steht also für das nicht-ausschließende „oder". (Anm. d. dt. Hrsg.)

** Hier und gelegentlich im Folgenden wird das Ereignis E mit seiner Wahrscheinlichkeit P (E) und seiner Häufigkeit H (E) identifiziert, was irreführend sein könnte. Im Sinne einer nützlichen begrifflichen Unterscheidung zwischen Wahrscheinlichkeit *(probability)* und der Häufigkeit (*frequency*, „Quoten") eines Ereignisses können Wahrscheinlichkeiten ($\neq 0$ und $\neq 1$) durch auftretende Häufigkeit weder logisch bewiesen noch widerlegt werden. Sie verlieren oder gewinnen durch die beobachteten Häufigkeiten lediglich an Plausibilität. (Anm. d. dt. Hrsg.)

Aussage. Keine von beiden Formen wirkt informativ, da sie, streng empirisch verstanden, sinnlos sind. Doch nunmehr haben wir auch gezeigt, daß Wahrscheinlichkeitsaussagen kontradiktorisch sinnlos sind – und es kommt noch schlimmer.

Untersuchen wir zwei Schlüsselaussagen aus Sir Ronald Fishers *The Design of Experiments*. Auf Seite 13 lesen wir:

> Soll ein Ereignis, das per Zufall in siebzig Versuchen nur *ein* Mal aufträte, statistisch gesehen klar „signifikant" sein, so kann kein an sich noch so signifikantes Einzelexperiment ausreichen, um ein Naturphänomen wissenschaftlich nachzuweisen – denn die „Chance von eins zu einer Million" wird gewiß nicht mehr und nicht weniger als angemessen häufig auftreten, auch wenn es uns sehr überraschen mag, daß es *gerade uns* widerfährt. Um behaupten zu können, daß ein Naturphänomen experimentell nachweisbar ist, benötigen wir weniger Einzelfälle als eine zuverlässige Verfahrensweise. Im Hinblick auf den Signifikanzmaßstab können wir sagen, daß ein Phänomen dann experimentell nachweisbar ist, wenn wir wissen, in welchem Versuch regelmäßig statistisch relevante Resultate auftreten werden.

Weiter erklärt Fisher, die Aussagekraft jedes Einzelversuchs lasse sich steigern, indem man ihn entweder verlängere oder häufig genug wiederhole. Dazu schreibt er: „Dieses Verfahren eröffnet nur einen zweiten Weg, den Versuch zu erweitern und dadurch aussagekräftiger zu machen, da wir in der Schlußkalkulation die gesamte Folge der – gelungenen und mißlungenen – Resultate berücksichtigen." Nun haben wir alles Material für ein weiteres Paradox beisammen, das man wie folgt formulieren kann.

Zuerst bilden wir einen Syllogismus.

Hauptprämisse: Kein Einzelversuch, und sei er an sich signifikant, kann irgendein Naturphänomen experimentell hinreichend beweisen.

Nebenprämisse: Im Sinne der statistischen Argumentation läßt sich jede Versuchsreihe als ein isoliertes Einzelexperiment betrachten, das so lang ist wie die Summe der Teilexperimente.

Konklusion: Daher kann keine Versuchsreihe, wie signifikant sie an sich auch sein mag, als hinreichender experimenteller Nachweis für irgendein Naturphänomen gelten.

Da es sich hierbei um eine gültige Folgerung handelt, gelangen wir von den beiden mit statistischen Verfahren aufgestellten Prämissen zu einem Schluß, der den Grundlagen der wissenschaftlichen Methode offenkundig widerspricht. Versuchsreihen sollen uns Aufschluß über Naturphänomene verschaffen – also ist es paradox, Verfahrensregeln aufzustellen, nach denen man keine solchen Informationen erlangen kann.

Damit haben wir festgestellt, daß die in der Statistik angewandte Idee der Wahrscheinlichkeit in sich sinnlos ist. Hätte sie jedoch einen Sinn, so wäre dieser gleichwohl fruchtlos geblieben, da man selbst aus hochgradig signifikanten Versuchsergebnissen unmöglich Informationen gewinnen kann. Diese abschließende (und in gewisser Hinsicht schönste) Antinomie nenne ich das *Experimentalparadox*.

10. Kritische Folgen

Vorbemerkung

Betrachten wir eine Folge von L Dezimalzahlen, die für biologische oder sonstige Versuche einschließlich Signifikanztests dienen soll. Um die Gültigkeit der Signifikanzmaßstäbe zu prüfen, muß man die Folge also auf Zufälligkeit testen.

Beim Zufallstest wendet man bestimmte Kriterien an, um eine Folge als Experimentalstandard anzuerkennen oder abzulehnen. Angenommen, wir wählen die Menge aller möglichen Folgen mit L Dezimalzahlen, wovon es insgesamt 10^L gibt. Mit bloß *einem* Zufallstest auf den Ebenen 1 und 99 Prozent siebten wir genau 2 Prozent dieser Folgen aus. Zwei unabhängige Tests auf den Niveaus 5 und 95 Prozent schlössen schon knapp 20 Prozent aus usw. Kurz, je zahlreicher und je strenger die Tests, desto größer die Quote der abzulehnenden Folgen.

Welche Folgen im einzelnen abgelehnt oder angenommen werden, hängt völlig von den gewählten Maßstäben ab. Die meisten Zufallsmaßstäbe sind sehr pauschal, sieben massenhaft Folgen gleichzeitig aus. Wir können sie aber derart präzisieren, daß jeder Maßstab *eine* und nur *eine* der möglichen Folgen ausschließt und alle anderen akzeptiert. Hierbei ergäben sich genauso viele Zufallsmaßstäbe wie zu prüfende Folgen.

Angenommen, wir wollen einen besonders wichtigen Versuch mit einem Signifikanzmaßstab durchführen und dafür sorgen, daß die benutzte Standardfolge total zufällig ist. Nun gibt es 10^L Zufallsmaßstäbe, und wir beschließen, sie alle bis auf einen anzuwenden. Wir bilden immer neue Folgen, bis eine alle strengen Tests besteht, und diese nehmen wir dann. Zwar könnten wir genauso gut eine beliebige Folge wählen, aber Statistiklehrbücher warnen vor den augenscheinlichen Gefahren dieses Vorgehens. Trotzdem wird es, wie wir jetzt gezeigt haben, bei jedem Zufallstest in gewissem Umfang angewandt. Deshalb beschließen wir, nur ungetestete Zufallsfolgen zu benutzen.

Doch leider sind ungetestete Folgen meist verzerrt, so daß es noch gefährlicher sein könnte, mit ihnen als mit selbstgemachten Folgen zu arbeiten. Man muß also einen Kompromiß finden. Allerdings liegt nun auf der Hand, daß wir den üblichen Wahrscheinlichkeitskalkülen am Ende so oder so nicht übermäßig trauen können, weil sie auf der Annahme beruhen, daß wir überhaupt nicht eingreifen. Zwar wurden solche Berechnungen früher angestellt und bewährten sich auch oft, indem sie auf wiederholbare Ergebnisse hinwiesen; nichts spricht jedoch dafür, daß ihre Lösungen *genau* waren – praktische wie theoretische Hinweise lassen vielmehr das Gegenteil vermuten. Daher müssen wir prüfen *(a)* wie ungenau sie sind und *(b)* ob wir sie gegebenenfalls verbessern könnten.

Definitionen

Folgen sind eindimensionale Anordnungen von Ereignissen, Einheiten oder (Folgen-)*Gliedern*. Die Anzahl der enthaltenen Glieder einer Folge $a_1, a_2, a_3, \ldots, a_L$ heißt die *Länge L.* der Folge. Die Zahl der darin möglichen verschiedenwertigen Glieder oder *Elemente* $v_1, v_2 \ldots v_w$ wird ihr (Element-)*Umfang* w genannt. Die Folge enthält u_1 Glieder vom Wert v_1, u_2 Glieder vom Wert v_2 etc., wobei $0 \leq u_j \leq L$.

$$\sum_{j=1}^{w} u_j = L.$$

Teilt man die Länge einer Folge durch ihren Umfang, so ergibt sich ihre *absolute Erwartung** oder *Erwartung e.*

$$e = \frac{L}{w}.$$

* Der Begriff der absoluten Erwartung entspricht dem heute üblichen Begriff der mittleren absoluten Häufigkeit *e* der Elemente. (Anm. d. dt. Hrsg.)

Der Betrag, um den ein gegebenes Element diese absolute Erwartung überschreitet, heißt die *Verzerrung d* der Folge bezogen auf dieses Element. Er kann negativ sein, wenn eine Zahl keine Erwartung hat.*

$$d_j = u_j - e,$$

wobei v_j das Element ist, nach dem die Verzerrung beurteilt wird.

$$\sum_{j=1}^{w} d_j = 0.$$

Mit *Abweichung* $|d|$ bezeichnet man die Größenordnung der Verzerrung unabhängig von ihrer Richtung.

$$|d_j| = |u_j - e|.$$

Wendungen wie „mehr (oder weniger) verzerrt als …" beziehen sich gewöhnlich nur auf Abweichungen. Später wird ein weiterer Ausdruck für Verzerrung benutzt, um Gegenüberstellungen algebraisch genauer ausdrücken zu können, nämlich *reziproke Verzerrung r*. Er steht für die Gesamtzahl der Glieder, die in anderen Elementen als dem einen enthalten sind, nach dem die Verzerrung beurteilt wird.

$$r_j = L - u_j = L - e - d_j.$$

Die *kritische Verzerrung* $\sigma = \sqrt{\left(\frac{L(w-1)}{w^2}\right)}.$

Kritische Folgen sind kritisch zugunsten eines gegebenen Elements verzerrt.

Folgen des Umfanges $w = 2$ heißen *binär*, des Umfanges $w = 3$ *ternär* usw. Folgen der Regel $|d_1| = |d_2| = \ldots = |d_w|$ heißen *symmetrisch*. Alle unverzerrten und binären Folgen sind symmetrisch. Symmetrische Folgen mit ungeradem Umfang kann es nicht geben.

* Das heißt, wenn eine Zahl weniger oft vorkommt, als sie nach e im Mittel zu erwarten ist (falls $u_j < e$, Spezialfall $u_j = 0$). (Anm. d. dt. Hrsg.)

*Newtons Theorem** zufolge ergibt sich *die Wahrscheinlichkeit* P(p, m, n), mit der *bei* m *Anlässen genau* n *Ereignisse eines gegebenen Typs auftreten, sofern die Wahrscheinlichkeit eines solchen Ereignisses jeweils* p *ist, aus der Gleichung:*

$$P(p,m,n) = p^n(1-p)^{m-n}\binom{m}{n} \text{ wobei } 0 \leq p \leq 1.$$

Die herkömmliche Interpretation von Newtons Theorem ist zirkulär: Wir können kein $P(p, m, n)$ finden, ohne p zu kennen, doch letzten Endes beruht unsere Einschätzung von p darauf, welchen Wert $P(p, m, n)$ annimmt. Interpretieren wir das Theorem im Sinne relativer Häufigkeiten, so läßt sich die Zirkularität wie folgt umgehen:

In der Menge aller möglichen Folgen der Länge m *und des Umfanges* w *ist der Anteil* P(w, m, n) *von Folgen in jener Teilmenge, die genau* n *Glieder eines gegebenen Wertes enthält, gleich*

$$P(w,m,n) = \frac{(w-1)^{m-n}\binom{m}{n}}{w^m}. \tag{1}$$

Diese Formel ergibt sich, indem man das p in der Newtons durch $\frac{1}{w}$ ersetzt.

In Versuchen zur Signifikanzprüfung wählt man aus einer *Grund*folge der Länge $L \geq m$ *Standard*folgen der Länge m. Dabei wird die Auswahl so definiert, daß in jeder einzelnen Teilfolge m beliebige Glieder der Grundfolge in beliebiger Reihenfolge auftreten können. Die so ausgewählten Standardfolgen werden nunmehr als Kriterien benutzt, denen man Versuchs- oder *Vergleichs*folgen gegenüberstellt.

Da die binäre Auswahl vorrangig sowie symmetrisch ist, untersuchen wir zuerst Operationen auf binären Folgen und verallge-

* Die Binominalverteilung wird gelegentlich fälschlich Newton zugeschrieben, deswegen „Newtons Theorem". Spencer-Brown verwendet im folgenden weiter „Newtons Theorem". (Anm. d. dt. Hrsg.)

meinern dann für solche mit größerem Umfang. Im binären Sinne ausgedrückt, wird der Binominal Quotient zu:

$$P(2, m, n) = \frac{\binom{m}{n}}{2^m}. \tag{1b}$$

Angenommen, wir wählen sämtliche möglichen Teilfolgen der Länge m aus einer unverzerrten binären Grundfolge der Länge $L = 2e$. Damit beträgt der Anteil solcher Teilfolgen, die genau n Glieder eines gegebenen Wertes enthalten*,

$$\frac{\binom{e}{n}\binom{e}{m-n}}{\binom{2e}{m}}.$$

Jetzt nähert sich der Wert dieses Quotienten mit zunehmendem e dem des binominalen, womit gilt:

$$\frac{\binom{e}{n}\binom{e}{m-n}}{\binom{2e}{m}} \to \frac{\binom{m}{n}}{2^m} \text{ für } e \to \infty. \tag{2b}$$

Durch Verallgemeinerung für $w \geq 2$ erhalten wir

$$\frac{\binom{e}{n}\binom{e(w-1)}{m-n}}{\binom{ew}{m}} \to \frac{(w-1)^{m-n}\binom{m}{n}}{w^m} \text{ für } e \to \infty. \tag{2}$$

Diese Formel gilt auch, wenn man nicht die Verzerrung, sondern die Abweichung als klassifizierendes Kriterium annimmt. Falls aber die binäre Grundfolge verzerrt ist, ergeben sich die durch Abweichung $|d|$ klassifizierten Anteile aus der Funktion

* Dies ist eine spezielle hypergeometrische Verteilung. (Anm. d. dt. Hrsg.)

$$\frac{\binom{e+d}{n}\binom{e-d}{m-n}+\binom{e+d}{m-n}\binom{e-d}{n}}{2\binom{2e}{m}},$$

worin d die Verzerrung der Grundfolge ist.* Sobald d die kritische Größe $\sqrt{\frac{e}{2}}$ erreicht, kommt der Wert dies Funktion deutlich näher an $\frac{\binom{m}{w}}{2^m}$ als der in (2b) dargestellte Funktionswert der unverzerrten Grundfolge.

Die kritische Verzerrung läßt sich auf *eine* Standardabweichung in einer Bernoulli-Folge** beziehen. Letztere ist so definiert, daß in ihr jede Art von Gliedern überall eine Wahrscheinlichkeit von $\frac{1}{w}$ hat. Insofern kann eine Bernoulli-Folge jede einzelne aller ihrer Möglichkeiten sein; der Ausdruck impliziert eine planlose Auswahl einer Folge aus einer Menge, in der Länge und Umfang die einzigen strenger definierten Attribute sind. Zwar schränkt das Erfordernis „planlos" die Bandbreite der Auswahl zusätzlich ein – aber solange der Begriff nicht klar und verständlich definiert wird, was selten bis nie geschieht, kann man unmöglich sagen, was diese Restriktion bedeuten soll.

Zweifellos schwingt in dem Wort „planlos" eine regressive Funktion der Verzerrung mit, und letzten Endes erkennen wir aufgrund dieses Begriffs den Zusammenhang zwischen Wahrscheinlichkeitsurteilen und Geisteshaltung oder -verfassung des Urteilenden. Zwar wird vor der Wahrscheinlichkeit jeweils die Verzerrung beurteilt; da sich diese jedoch nicht nur für jedes Element, sondern auch für jeden *Komplex* einer Folge beurteilen läßt, kann sie bei ein und derselben Folge, je nach dem beurteilten Element oder Komplex, jeden diskreten Wert zwischen null und hundert Prozent annehmen.

* Die Summenbildung in dieser Formel entspricht einer logischen Disjunktion der beiden Wahrscheinlichkeitsmodelle. (Anm. d. dt. Hrsg.)

** Heute ist der Begriff der Bernoulli-Kette üblicher. (Anm. d. dt. Hrsg.)

Im übrigen ist es eine Binsenweisheit, daß alle endlichen Folgen im Hinblick auf größere Komplexe stark verzerrt sind.

Deshalb betrachten wir keine Bernoulli-Folgen (oder Mises-Gruppen) mit ihrer vagen, ja sogar irreführenden Annahme der Planlosigkeit, sondern beschränken uns statt dessen auf einfache Selektionen, bei denen die Planlosigkeit eine komplexe Funktion der Verzerrung ist. Offenkundig läßt dieses Verfahren – zumindest in der analytischen Phase – die Idee der Wahrscheinlichkeit selbst überflüssig werden, denn auch sie ist eine Ausgeburt der Planlosigkeit und damit von der Verzerrung abhängig.

Nehmen wir alle 2^m binären Folgen mit m Gliedern und summieren die Quadrate ihrer Verzerrungen in bezug auf ein gegebenes Element, so wissen wir, daß der Mittelwert dieser Quadrate $\frac{m}{4}$ ist. Daher gilt

$$\sum_n \frac{\binom{m}{n}\left(n-\frac{m}{2}\right)^2}{2^m}=\frac{m}{4}. \tag{3b}$$

Und bei $w \geq 2$ wird das zu

$$\sum_n \frac{(w-1)^{m-n}\binom{m}{n}\left(n-\frac{m}{w}\right)^2}{w^m}=\frac{m(w-1)}{w^2}. \tag{3}$$

Da aber

$$\sum_n \frac{(w-1)^{m-n}\binom{m}{n}n}{w^m}=\frac{m}{w},$$

ist die Funktion $\frac{m(w-1)}{w^2}$ faktisch die Varianz der Anzahl von

Gliedern eines gegebenen Werts in der Menge aller möglichen Folgen der Länge m und des Umfangs w.

Vollführen wir nun dieselbe Operation auf der Menge der Teilfolgen mit je m Gliedern, die aus einer unverzerrten, binären Grundfolge der Länge $L = 2e$ Glieder gewählt wurden, so stellen wir fest, daß die Varianz der Zahlen von Gliedern mit demgegebenen Wert zwar im allgemeinen von $\frac{m}{4}$ abweicht, sich diesem Wert aber mit wachsendem e nähert:

$$\sum_n \frac{\binom{e}{n}\binom{e}{m-n}\left(n-\frac{m}{2}\right)^2}{\binom{2e}{m}} \to \frac{m}{4} \text{ für } e \to \infty.$$

Diese Annäherung tritt in der Tat auf, sooft wir aus irgendeiner Grundfolge wählen, deren Verzerrung als Quadratwurzel ihrer Länge variiert. Wenn also k endlich ist, dann gilt

$$\sum_n \frac{\binom{e+k\sqrt{e}}{n}\binom{e-k\sqrt{e}}{m-n}\left(n-\frac{m}{2}\right)^2}{\binom{2e}{m}} \to \frac{m}{4}$$

und

$$\sum_n \frac{\left\{\left[\binom{e+k\sqrt{e}}{n}\binom{e(w-1)-k\sqrt{e}}{m-n} + \binom{e-k\sqrt{e}}{n}\binom{e(w-1)+k\sqrt{e}}{m-n}\right]\left(n-\frac{m}{w}\right)^2\right\}}{2\binom{ew}{m}} \to \frac{m(w-1)}{w^2}$$

$$\text{für } e \to \infty. \qquad (4)$$

Wenn wir den Wert von m festlegen und k variieren, so stellen wir fest, daß die Annäherung an bei $\frac{m(w-1)}{w^2}$ wachsendem e abhängig von k entweder von oben oder von unten erfolgt. Wenn k allerdings den kritischen Wert $\sqrt{\left(\frac{w-1}{w}\right)}$ erhält, dann kann man das Annäherungszeichen für alle Werte von e durch Gleichheitszeichen ersetzen.

Da nun gilt

$$\sum_n \frac{\left\{\left[\binom{e+d}{n}\binom{e(w-1)-d}{m-n}+\binom{e-d}{n}\binom{e(w-1)+d}{m-n}\right]n\right\}}{2\binom{ew}{m}}=\frac{m}{w}, \tag{5}$$

kann man das folgende Auswahltheorem formulieren.

$$\sum_n \frac{\binom{2\sigma^2+\sigma}{n}\binom{2\sigma^2-\sigma}{m-n}\left(n-\frac{m}{2}\right)^2}{\binom{4\sigma^2}{m}}=\frac{m}{4}.$$

Spezielles Theorem der Auswahl

Die Varianz der Gliederzahl mit einem gegebenen Wert in jeder aus m *Gliedern bestehenden Menge von Teilfolgen, die einer kritisch verzerrten binären Grundfolge entstammen, ist gleich der Varianz der entsprechenden Gliederzahl in der Menge aller möglichen binären Folgen mit* m *Gliedern.*

Durch Verallgemeinerung für den Umfang erhalten wir das

Allgemeines Theorem der Auswahl

Bei je zwei gegebenen Elementen in der Menge aller Teilfolgen der Länge m *und des Umfanges* w, *gewählt aus einer Grundfolge, in welcher jene beiden Elemente kritisch und gegenläufig verzerrt sind, hat die Gliederzahl die gleiche mittlere Varianz wie bei jedem gegebenen Element der Menge aller möglichen Folgen mit* m *Gliedern und dem Umfang* w.

Beweis. Man kann zeigen, daß

$$\sum_n \frac{\left\{ \left[\binom{\frac{w\sigma^2}{w-1}+\sigma}{n} \binom{w\sigma^2-\sigma}{m-n} + \binom{\frac{w\sigma^2}{w-1}-\sigma}{n} \binom{w\sigma^2+\sigma}{m-n} \right] \left(n-\frac{m}{w}\right)^2 \right\}}{2\binom{\frac{w^2\sigma^2}{w-1}}{m}} = \frac{m(w-1)}{w^2}. \qquad (6)$$

Nun wissen wir aus (5), daß wir in (6) $\left(n-\frac{w}{m}\right)^2$ durch n ersetzen können, womit die linke Seite gleich $\frac{m}{w}$ wird. Dies steht für die mittlere Verzerrung, bezogen auf je zwei gegebene Elemente, die man einzeln der Menge von Teilfolgen einer Grundfolge entnimmt, in welcher die beiden Elemente gleich stark, jedoch gegen läufig verzerrt sind. Da $\frac{m}{w}$ aber auch die Erwartung für Folgen mit m Gliedern und Umfang w ist, liegt bei einer Länge von $L=\frac{w^2\sigma^2}{w-1}$ der Grundfolge auf der Hand, daß das Theorem jene Fälle aus (6) selektiert, in denen $\frac{w^2\sigma^2}{w-1}$ und σ ganze Zahlen sind.

In der klassischen Wahrscheinlichkeitstheorie hängt die Präzision der Auswahltheoreme von der Idee ab, die Grundfolge ins Unendliche zu erweitern. Jetzt sehen wir aber, daß dies bei einigen wichtigen Funktionen von Abweichungen in Teilmengen, bei denen die kritische Verzerrung der Grundfolge unendliche Länge wirksam ersetzt, nicht notwendig ist.

Nun wollen wir Matchingoperationen betrachten. Hier geht es nicht darum, endliche Teilfolgen aus einer beliebigen, mindestens gleich langen Grundfolge zu wählen, sondern um den Schritt, zwei endliche Folgen derselben Länge zu vergleichen. Wir definieren Matching so: Man stellt jedem Glied $a_1a_2a_3 \dots a_L$ einer Standardfolge ein Glied $b_1b_2b_3 \dots b_L$ einer ebenso langen und umfangreichen Versuchs- oder Vergleichsfolge gegenüber und zählt jeweils eine Meßeinheit, sooft als gleichartig definierte Glieder zusammenfallen. Wird eine Menge von Folgen mit einer Folge verglichen, so muß man jedes Glied der Menge nacheinander gegenüberstellen.

Um die Verzerrung oder Abweichung solcher Vergleichsergebnisse zu berechnen, legt man die Erwartung der Standardfolge zugrunde. Das mittlere Abweichungsquadrat einer Menge von Matchingwertungen (auf die absolute Erwartung bezogen) heißt ihre *absolute Varianz*. Ohne Zusatz hat „Varianz" ihre übliche Bedeutung, die Abweichungen vom *Mittel* der festgestellten Wertemenge zu messen.

Angenommen, nun möchten wir eine „Zufallsfolge" $S_r(L, w)$ mit einer Standardfolge $S_t(L, w)$ vergleichen. Zwar läßt sich nichts über das Ergebnis sagen, das irgendwo zwischen 0 und L liegen kann, da eine „Zufallsfolge" irgendeine, „planlos" aus der Menge (L, w) gewählte ist. Aber wir können etwas darüber erfahren, welche Resultate sich ergeben, sofern man sehr viele solcher „Zufallsfolgen" am Standard mißt und dabei „Zufall" so auffaßt, daß jede mögliche ebenso lange und ebenso umfangreiche Folge (innerhalb gewisser Toleranzgrenzen) in der Vergleichsmenge gleich oft auftritt. Wenn wir diesen Ansatz idealisieren, so finden wir heraus, daß die Varianz der Wertungen aus Vergleichen einer solchen Menge mit *irgendeiner* Standardmenge bei $\frac{L(w-1)}{w^2}$ liegt, da diese Operation klar derselben algebraischen Verallgemeinerung unterliegt, wie die Varianzen der Glieder jedes gegebenen Elements zu berechnen.

In der experimentellen Arbeit, wo eine „Zufallsfolge“ als Standard dienen muß, haben wir jedoch gewöhnlich keine Zeit, den Versuch zu wiederholen, bis wirklich alle möglichen w^L-Standards ausgeschöpft sind, wiewohl man den klassischen Signifikanzmaßstäben nur so eine sinnvolle Bedeutung eingeben könnte. Statt dessen wählen wir einen einzigen *wenig oder nicht elementar verzerrten* Standard und hoffen das Beste. Wie sich zum Glück herausstellt, ist dieses Vorgehen im großen und ganzen gerechtfertigt.

Die Elementarverzerrung ist fast allen natürlich gebildeten Folgen gemeinsam. Zudem sind Folgen aus derselben Quelle meist für jedes gegebene Element direkt proportional zur Länge verzerrt. Mißt man solche Folgen an einem seinerseits elementar verzerrten Standard, so kommen gewöhnlich auch verzerrte Matchingwertungen heraus. Bei maximaler Verzerrung des Standards weichen diese Ergebnisse genau um den Abweichungsbetrag der Versuchsfolgen von der Erwartung ab. Doch in Signifikanztests gelten Matchingwertungen mit hinreichend starker Verzerrung als Beweis für eine kausale Beziehung zwischen Standard- und Versuchsfolge. Wenn also der Standard verzerrt ist, dann fördert jede wahrscheinlich in der Versuchsfolge vorhandene natürliche Verzerrung analoge Resultate, die scheinbar von einer (nicht vorhandenen) kausalen Beziehung zeugen.

An „Zufallsfolgen“ kann man im Idealfalle jede beliebige Menge von Versuchsfolgen messen und erhält Matchingwertungen, deren Merkmale die Verzerrung der Versuchsfolge in keiner Hinsicht widerspiegeln, falls zwischen ihnen keine kausale Beziehung besteht. Diese ebenso bequeme wie widersprüchliche Eigenschaft mag zwar, wie gezeigt, in gewissem Sinne eine ganze Menge von Folgen gleichzeitig betreffen, überschreitet aber die begrenzten Fähigkeiten, sogar der optimalen einzelnen Folge. Dennoch ist das Beste nicht so schlecht, wie wir vielleicht meinen könnten.

Beginnen wir mit einem unverzerrten binären Standard. Wenn wir ihn einer unverzerrten Menge gegenüberstellen, so erkennen wir, daß die Varianz der Matchingwertungen zwar größer ist als $\frac{L}{4}$, sich diesem Wert aber mit wachsendem L annähert. Setzen wir $2e = L$, so ergibt sich

$$\sum_s \frac{\binom{e}{s}^2 (2s-e)^2}{\binom{2e}{e}} \to \frac{e}{2} \text{ für } e \to \infty.$$

Steigern wir aber die Verzerrung der Vergleichsmenge, so sinkt die relative wie absolute Varianz der Matchingwertungen, bei maximaler Verzerrung bis auf Null.

Wenn wir eine analoge Operation an einem stark verzerrten binären Standard ausführen, dann sinkt die Varianz der Wertungen zwar mit wachsender Verzerrung der Vergleichsmenge wiederum auf Null, aber bei maximaler Verzerrung der Menge erreicht ihre absolute Varianz ein Maximum. Zwischen diesen beiden Extremen liegt eine kritische Verzerrung – und stellt man Mengen mit immer stärkerer Verzerrung einem kritisch verzerrten binären Standard gegenüber –, dann bleibt die absolute Varianz der Wertungen als relevanter Faktor, um ihre statistische Signifikanz zu beurteilen, konstant bei dem Wert $\frac{L}{4}$. Da das zugleich der Wert der Varianz und der absoluten Varianz der Gliederzahl eines gegebenen Elements der binären Menge (2, *L*) ist, können wir das folgende Matchingtheorem formulieren:

Spezielles Matchingtheorem

Stellt man die binäre Menge (2, L, r) *mit einer Länge* L *und reziproken Verzerrung* r *einer Standardfolge der kritischen Verzerrung* $\sigma = \sqrt{\frac{L}{4}}$ *gegenüber, so wird die absolute Varianz der Wertungen für beide Elemente gleich der Varianz für die Menge aller möglichen Matchinganordnungen binärer Folgen mit* L *Gliedern sein.*

$$\sum_s \frac{\binom{2\sigma^2+\sigma}{r-s}\binom{2\sigma^2-\sigma}{s}(2s+\sigma-r)^2}{\binom{4\sigma^2}{r}} = \sigma^2$$

Durch Verallgemeinerung für $w \geq 2$ erhalten wir das

Allgemeines Matchingtheorem
Stellt man die Menge all jener Folgen, deren Länge, Umfang und Verzerrung sich auf mindestens eines von zwei gegebenen Elementen beziehen, einer Folge gegenüber, in der gerade diese beiden Elemente kritisch und gegenläufig verzerrt sind, dann entspricht die absolute Varianz der Matchingwertungen der Varianz für die Menge aller möglichen Matchinganordnungen von Folgen dieser Länge und dieses Umfanges.

Beweis. Man betrachte den Ausdruck

$$\sum_s \sum_t \frac{\left\{ (w-1)^{r-s}(w-2)^{s-t}\binom{s}{t}\left[\binom{\frac{w\sigma^2}{w-1}+\sigma}{r-s}\binom{w\sigma^2-\sigma}{s} \times (s+t+\sigma-r)^2 + \binom{\frac{w\sigma^2}{w-1}-\sigma}{r-s}\binom{w\sigma^2+\sigma}{s}(s+t-\sigma-r)^2\right]\right\}}{2(w-1)^r\binom{\frac{w^2\sigma^2}{w-1}}{r}} = \sigma^2. \qquad (7)$$

Mit viel Arbeit läßt sich nachweisen, daß dies eine identische Gleichung ist. Interpretiert man r als die reziproke Verzerrung in der Menge von Vergleichsfolgen mit $\frac{w^2\sigma^2}{w-1}$ Gliedern, s als die Zahl der r-Glieder in jeder Vergleichsfolge, die mit r-Gliedern in der Standardfolge zusammenfallen, und t als die Zahl gepaarten r-Glieder, dann wird deutlich, daß das Theorem jene Fälle aus (7) selektiert, in denen sowohl σ als $\frac{w^2\sigma^2}{w-1}$ auch ganze Zahlen sind.

Das Matchingtheorem hat auch eine Umkehrung, die sich im Sinne der folgenden identischen algebraischen Gleichung verallgemeinern läßt:

$$\sum_s \sum_t \left[\frac{(w-1)^{r-s}(w-2)^{s-t}\binom{r}{s}\binom{s}{t}}{2(w-1)^r} \right] \times$$

$$\left[\frac{\binom{\frac{w^2\sigma^2}{w-1}-r}{w\sigma^2-\sigma-s}(s+t+\sigma-r)^2}{\binom{\frac{w^2\sigma^2}{w-1}}{w\sigma^2-\sigma}} + \frac{\binom{\frac{w^2\sigma^2}{w-1}-r}{w\sigma^2+\sigma-s}(s+t-\sigma-r)^2}{\binom{\frac{w^2\sigma^2}{w-1}}{w\sigma^2+\sigma}} \right] = \sigma^2$$

Somit scheint es, als ahmten kritische Folgen zwei der vermuteten Eigenschaften der „Zufallsreihen" nach: Erstens in der Auswahl, so daß in jeder Auswahlmenge endlicher kritischer Folgen die gleiche Varianz herrscht wie in der, die aus einer unendlichen Grundfolge stammen sollte; zweitens im Hinblick auf die Unempfänglichkeit der absoluten Varianz von Matchingwertungen gegenüber einer Verzerrung der Vergleichsmenge, die bisher nur als möglich galt, wenn man für jede einzelne der möglichen „Zufallsfolgen" Durchschnittswertungen bildete. Solche Unempfänglichkeit besteht uneingeschränkt nur für *einen einzigen* kritisch verzerrten binären Standard, mit gewissen Einschränkungen jedoch, wenn der Umfang des Standards größer ist als 2.

11. Verzerrung und Streckung

Als ein Kriterium der statistischen Signifikanz aufgefaßt, ist die Wahrscheinlichkeit – wie in Kapitel VII streng interpretiert – das Verhältnis der Anzahl betrachteter Fälle zur Summe der als möglich angenommenen. So läßt sich die Wahrscheinlichkeit, daß eine binäre „Zufallsfolge" mit L Gliedern eine Elementarverzerrung von genau d aufweist, mit der modifizierten Newtonschen Funktion errechnen (s. Kapitel 10). Daran erkennen wir jedoch, daß man jede elementare oder zusammengesetzte Verzerrung einer Folge beseitigen kann, indem man diese als eine unverzerrte Distribution verschiedener, dabei aber ununterscheidbarer Elemente begreift. Zum Beispiel läßt sich drei Mal „Zahl" und ein Mal „Wappen" als verzerrte binäre Folge deuten, deren Wahrscheinlichkeit $\frac{\binom{4}{1}}{2^4} = 0,25$ ist; oder man sieht darin eine *unverzerrte* quaternäre Folge mit zwei unterdrückten Elementen, so daß ihre Wahrscheinlichkeit

$$\frac{3^{4-1}\binom{4}{1}}{4^4} = 0,42$$

wäre.

Damit kann man die Wahrscheinlichkeits*hypothese* im Grunde auf eine Spekulation über den Umfang reduzieren. Insofern sollen Tests zur „Güte der Anpassung" eigentlich prüfen, ob es sinnvoll wäre, einen bestimmten Umfang anzunehmen. So gesehen, entspricht die Schätzung der Wahrscheinlichkeit einem induktiven Raten.

Meist ist es bequemer anzunehmen, daß eine Folge den Umfang $x + y$ mit y unterdrückten Elementen hat, als vom sehr unwahrscheinlichen Fall des Umfanges x auszugehen. Das Konzept der

Wahrscheinlichkeit erinnert stark an Professor Oberschlaus Kuh, deren „Kuhheit“ nicht beeinträchtigt wird, gleichgültig welches Abgrenzungskriterium ihr fehlt. Nehmen wir analog eine Folge von hundert Einsen und Nullen und schätzen die Wahrscheinlichkeit einer Null auf ½, dann können wir jede der Nullen in eine Eins verwandeln, ohne etwas an der Wahrscheinlichkeitsschätzung ändern zu müssen. Verwandeln wir jedoch alle Nullen in Einsen, dann beträgt die Wahrscheinlichkeit einer Null nicht mehr ½. Ebenso verliert die Kuh Professor Oberschlaus, aller Unterscheidungsmerkmale beraubt, ihre „Kuhheit“ absolut vollständig.

Nun besagt die klassische Theorie, daß die Wahrscheinlichkeit der Null auch dann ½ bleiben könne, wenn in unserer ganzen Hunderterserie keine einzige Null vorkäme. Das ist, als behauptete jemand, sogar ein Geschöpf ohne Hörner, Hufe, Euter, Schwanz sowie entsprechende Innereien könne immer noch eine Kuh sein, obwohl wir das faktisch bestreiten. Ebenso besitzt eine Folge von hundert Einsen keine fünfzigprozentige Chance, eine Null darzubieten.

Damit können wir zwischen Verzerrung und Streckung unterscheiden. Eine Folge ist verzerrt, falls wir annehmen, daß alle weiteren aus ihrer Quelle im gleichen Sinne um etwa denselben Betrag verzerrt wären. Ansonsten ist sie *gestreckt*. Insofern empfiehlt es sich im ersten Fall also, die Verzerrung stark zu reduzieren, indem man unterdrückte Elemente einführt, da die verzerrten Werte faktisch die *erwarteten* sind. Bei der Streckung kommt man damit nicht weiter, da die gestreckten Werte *nicht* die erwarteten sind. Die Aussage, daß „alle Folgen in bezug auf ihre größeren Komplexe stark verzerrt sind“, wäre dadurch zu präzisieren, daß man hinter „stark verzerrt“ noch „oder hochgradig gestreckt“ einfügte.

Jede unverzerrte binäre Folge mit ungerader Gliederzahl sowie jede unverzerrte Folge, bei der die Länge kein Vielfaches der Erwartung ist, muß gestreckt sein. Betrachten wir jedoch einzelne Folgen, so sehen wir nie Streckung, sondern immer nur Verzerrung. „Strekkung“ bedeutet Abweichen von einer *Norm*, „Verzerrung“ hingegen Abweichen von einer *Erwartung*. Wenn von allen 1024 möglichen binären Folgen des Umfangs zehn eine mit neun Einsen und einer Null gewählt wird, betrachten wir sie als eine gestreckte Stichprobe, bezogen auf die Norm: je fünf Einsen und Nullen. Dennoch ist sie für sich genommen verzerrt. Damit kennzeichnet die *Strekkung* eine Folge in bezug auf andere gleicher Art, die *Verzerrung* hingegen im Hinblick auf eine andere Eigenschaft (Umfang) ihrer selbst. So kann man eine Gruppe von Folgen haben, die allesamt verzerrt, aber nicht gestreckt sind – etwa ein Dutzend mit neun Einsen und einer Null. Hätten wir aber eine Gruppe solcher Folgen mit *durchschnittlich* neun Einsen, dann müßten wir *das gleiche* Verhalten erwarten *wie* bei einer Stichprobe aus der Menge aller Folgen des Umfangs zehn mit acht unterdrückten Elementen.

Betrachtet man die Zahl der Folgenelemente einer gegebenen Art, so hängen die Wahrscheinlichkeiten (*a*) vom gewählten absoluten Umfang und (*b*) von der Länge und Verzerrung der jeweiligen Grundfolge ab. Sofern die Menge aller gleich langen und umfangreichen Folgen als möglich gilt, hat man den Grenzfall der Möglichkeiten angenommen, in welchem die Grundfolge unverzerrt (oder kritisch verzerrt) und unendlich ist.

Wie oben gezeigt, definiert Newtons Formel – der die Resultate für die Auswahl einer kritisch verzerrten Grundfolge sehr nahe kommen – wie wahrscheinlich irgendeine Einzelfolge von gegebener Streckung auftritt. Doch angenommen, wir wählen Standardfolgen für Versuche aus, wobei alle gestreckten abgewiesen werden. Sofern wir aus dem Kopf Standards bilden, wird eine gestreckte Folge, zumindest beim ersten Experiment, nicht bloß unwahrscheinlich, sondern unmöglich sein. Falls dagegen ein Zufallsgenerator die Auswahl treffen soll, dürften gestreckte Folgen als unbefriedigend gelten, und man wird sie in der Regel ausschließen. (Im XIV. Kapitel werden wir sehen, wodurch das zu erreichen ist.) Zumindest reduziert sich damit die Wahrscheinlichkeit, daß Zufallsgeneratoren sehr gestreckte Folgen erzeugen, unter den mit Newtons Formel gesetzten Wert. Wie erwähnt, hielt d'Alembert derart geringe Wahrscheinlichkeiten zu Recht für null und nichtig. Denn zweifellos ist die sogenannte sehr geringe Wahrscheinlichkeit, daß ein unverzerrter binärer Zufallsgenerator hundert Nullen nacheinander erzeugt, in Wirklichkeit nicht „sehr gering", sondern null: Bei einem *unverzerrten* Gerät betrachten wir hundert Nullen schlicht als einen Widerspruch in sich; vermutlich sollten wir es als „blockiert" bezeichnen. Wären wir Geschöpfe, die stets genügend Fälle beobachteten, womit uns die ganze Vielfalt der 2^{100} Möglichkeiten mehrfach vor Augen stünde, so würden uns hie und da hundert Nullen in Folge nicht weiter beunruhigen. Derzeit jedoch leben wir zu kurz und zählen zu langsam, um dieses ehrenwerte Ziel erreichen zu können. Sooft wir hundert Nullen nacheinander sehen, dürfen wir also vermuten, daß die Folge enorm gestreckt ist, obwohl wir diese Mutmaßung praktisch weder bestätigen noch widerlegen könnten (wohl aber prinzipiell). Daher halten wir die Folge für massiv verzerrt, doch *nur moderat gestreckt*, denn diese Annahme läßt sich praktisch verifizieren, indem wir einige weitere Folgen aus derselben Quelle hinzunehmen.

Kurz, wir behaupten nicht mehr Streckung, als im Kontext zählbarer Fälle zu erhärten wäre – genau deshalb ist $p = 1/20$ so beliebt als Signifikanzkriterium. Eine Streckung $p = 1/19$ läßt sich *als solche* leicht verifizieren, da sie gute Chancen hat, in hundert Versuchen erneut aufzutreten. Es wäre jedoch töricht, $1/10\,000$ als Kriterium zu wählen und anzunehmen, daß etwa $p = 1/9\,000$ nur Streckung wäre, denn damit hätten wir, besonders bei mühsamen Experimenten, aller Wahrscheinlichkeit nach die praktischen Grenzen überschritten, in denen der Streckungsbegriff eine nachvollziehbare Bedeutung haben kann.

Im logischen Rahmen des Experimentierens könnten, falls wir anders beschaffen wären, demnach zwar „sehr geringe" Wahrscheinlichkeiten wie hundert Nullen in einer unverzerrten binären Folge mit hundert Gliedern auftreten, für unsere aktuellen Fähigkeiten sind sie aber kaum erklärbar und damit bedeutungslos. Und sooft wir doch hundert Nullen nacheinander finden, weisen wir ihnen keine besondere, gänzlich unbegründbare Wahrscheinlichkeit zu (was reine Verzweiflung wäre), sondern eine solche anderer Art, deren Verifikation wir anstreben können: Ob in einer unverzerrten binären Wahrscheinlichkeitsfolge 100 Nullen mehr oder weniger häufig auftreten als 99 – das können wir mit den heutigen Mitteln nicht zu ergründen hoffen. Es bringt also nichts, darüber nachzudenken, weshalb wir in der angewandten Wahrscheinlichkeitstheorie beide Wahrscheinlichkeiten als gleich, nämlich null betrachten sollten.

Hätte die *bestätigte* Annahme einer verzerrten, nicht gestreckten Folge große Vorteile, die *widerlegte* aber nur geringe Nachteile, so würden wir sie als ein lockeres Signifikanzkriterium benutzen, ebenso wie uns, um das Leben eines geliebten Menschen zu retten, fast jedes – auch kaum erprobte – Mittel recht wäre, wenn es bloß als das Beste verfügbare erschiene. Böte indes eine verifizierte Verzerrung ohne Streckung nur geringe Vorteile, eine falsifizierte hingegen große Nachteile, dann brauchten wir ein strengeres Signifikanzkriterium, bevor wir unser Handeln auf diese Annahme stützten. Hinge etwa der Erfolg einer Landwirtschaft von jährlichen Niederschlägen in engen Grenzen ab und bedeutete ein einziges Jahr ohne genügend Regen den totalen Ruin, so würden wir alle Wetterberichte der letzten Jahre auf Herz und Nieren prüfen, bevor wir uns für eine Übernahme entschieden. Im ersten Fall haben wir es eilig, da wir nicht warten können, im zweiten lassen wir uns Zeit, weil überstürztes Handeln fatal wäre. Analog hängt das gewählte Signifikanzkriterium teilweise davon ab, wieviel Zeit wir zum Zählen haben. Daher können Tiere mit längerer Lebenserwartung strengere Kriterien anlegen.

Allerdings kann es sicher nicht von Vorteil sein, ein so strenges Signifikanzkriterium zu wählen, daß sogar die maximal aufwendbare Zählzeit gar nicht ausreichte, um seinen *p*-Wert in einem Zufalls- oder Nullkontext zu prüfen. *p*-Werte wie 10^{-35}, die manche Studien so sehr rühmen, können uns jedenfalls nicht mehr Gewißheit bieten als solche bis 10^{-3}; und in der Praxis bilden *p*-Werte nicht unter 10^{-2} fast immer die strengsten angewandten Kriterien, da wirklich schwierige Versuche aller Wahrscheinlichkeit nach nicht häufiger als hundert Mal durchgeführt werden.

12. Das Bernoullische Theorem

Interessanterweise bezieht sich das Bernoullische Theorem nur auf nicht verifizierbare Wahrscheinlichkeiten. Bekanntlich lautet das Theorem wie folgt:

Sei p *die Chance, daß ein Ereignis beim ersten Versuch auftritt. Betrachtet man nun das Verhältnis zwischen der Häufigkeit seines Auftretens und der Versuche, so läßt sich die Wahrscheinlichkeit, daß es um weniger als einen vorgegebenen Betrag, sei dieser noch so gering, von* p *abweicht, beliebig nahe an Gewißheit heranführen, indem man die Anzahl der Versuche erhöht.*

Das Theorem verbleibt ähnlich zirkulär wie das Newtonsche, da der Anfangswert von p nur aus der Serie von Versuchen zu gewinnen ist. Somit hat jede Erstschätzung von p nur eine verschwindend geringe Erfolgschance, und in der Praxis können wir stets davon ausgehen, daß der festgelegte Wert falsch ist.

Heiße die geringe vorgegebene Differenz im Bernoullischen Theorem ε, und nehmen wir weiter an, daß unsere anfängliche Schätzung der jeweiligen Ereigniswahrscheinlichkeit um den kleinen Betrag δ von der faktischen abweicht. Ist nun ε größer als δ, so findet die im Bernoullischen Theorem behauptete Annäherung an die Gewißheit noch statt. Ist ε jedoch kleiner als δ, so erfolgt die Annäherung nicht an Gewißheit, sondern ans Unmögliche. In der praktischen Auslegung des Bernoullischen Theorems trifft also genau das Gegenteil zu, so daß man anders herum formulieren muß:

Sei p' *die geschätzte Chance, daß ein Ereignis beim ersten Versuch auftritt. Betrachtet man das Verhältnis zwischen der Häufigkeit seines Auftretens und der Versuche, so läßt sich die Wahrscheinlichkeit, daß es um weniger als einen vorgegebenen Betrag, sei dieser noch so gering, von* p' *abweicht, beliebig nahe an Null heranführen, indem man die Anzahl der Versuche erhöht.*

Daraus folgt, daß der Wahrscheinlichkeitsquotient für eine Anzahl von Versuchen tendenziell um einen zunehmend signifikanten Betrag von der geschätzten Wahrscheinlichkeit abweicht.

Meist wird vorausgesetzt, beim Münzenwerfen müsse der Quotient aus „Kopf" und Gesamtzahl mit zunehmender Zahl der Würfe immer weniger signifikant von ½ abweichen. Wie wir jetzt sehen, ist jedoch genau das Gegenteil der Fall – der Quotient weicht mit wachsender Anzahl der Würfe immer signifikanter von ½ ab. Daher sollten Anwender der Wahrscheinlichkeitstheorie nicht – wie regelmäßig zu beobachten – überrascht sein, wenn ihre akribisch geplanten Zufallsgeneratoren erheblich verzerrte lange Folgen erzeugen. Offenbar sind sie aber nach wie vor verblüfft, obwohl sich fast alle langen Folgen – von Weldons Würfeldaten bis zu Rands Zufallsziffern – bei Prüfung als signifikant verzerrt erwiesen. Bei späteren Publikationen, etwa Fishers Tabellen und Rands Ziffern, wurde die Verzerrung gezielt beseitigt.

In den publizierten Folgen des Zufallsgenerators von Kendall und Babington Smith zeigt sich eine interessante Ausnahme. Hier geht die fehlende Verzerrung fast sicher auf ein Feedback seitens des Bedieners zurück, der jede potentiell exzessive Verzerrung schon im Keim erstickte. Diese Annahme wird dadurch erhärtet, daß sich jene zehntausend maschinellen Ziffern, bei denen der Bediener die anzulegenden Maßstäbe nicht kannte, als derart verzerrt erwiesen, daß man sie nicht publizieren wollte.

Daraus folgt, daß alle Folgen, bei denen die Anteile der Elemente nicht sofort offenliegen (was ein Kriterium der Zufälligkeit ist), mit zunehmender Länge immer mehr zu Anteilen neigen, die um einen beliebig signifikanten Betrag, wie groß dieser auch sein mag, von der anfänglichen Schätzung (oder Erwartung) abweichen.

Daher gilt:

Sei p' *die geschätzte Chance, daß ein Ereignis beim ersten Versuch auftritt. Betrachtet man das Verhältnis zwischen der Häufigkeit seines Auftretens und der Zahl der Versuche, so läßt sich die Wahrscheinlichkeit, daß es um irgendeinen signifikanten Betrag, sei dieser noch so groß, von* p' *abweicht, beliebig nahe an Gewißheit heranführen, indem man die Anzahl der Versuche erhöht.*

Der Bernoullische Grenzwert für das Verhalten ambiger Folgen gilt, verglichen mit einer Anzahl paralleler Theoreme, zwar als überaus symmetrisch, dafür aber sehr unpraktisch. Zudem ist er selbst wie auch seine Parallelen nur dann sinnvoll, wenn das Auftreten eines Ereignisses in gegebenen Versuchen eine „wahre Wahrscheinlichkeit" hat. Da sich deren Schätzung jedoch stets auf die Verhältnisse in sehr langen Abfolgen von Versuchen beziehen muß und anerkannt ist, daß alle solche Schätzungen fast sicher nicht mehr zutreffen, wenn man die Folge fortsetzt (je weiter man sie fortsetzt, desto größer die Gewißheit), erscheint es seltsam, daß sie in der Unendlichkeit plötzlich absolut richtig werden sollen, obwohl sie bei wachsender Folge mit zunehmender Gewißheit falsch waren.

Doch ob sie nun in der Unendlichkeit richtig werden oder nicht, ist buchstäblich eine „metaphysische" Frage, die sich durch praktische Versuche nicht einmal prinzipiell beantworten läßt. Ebenso ist die für jede Interpretation des Bernoullischen Theorems und paralleler Sätze so notwendige „wahre Wahrscheinlichkeit" ihrerseits ein rein metaphysisches und damit unverständliches Konzept. Daher steht das ganze Gebäude der „Bernoullischen Wahrscheinlichkeit" auf tönernen Füßen.

Die praktische Relevanz des Bernoullischen Theorems läßt sich etwa daran veranschaulichen, daß zwar die Chance, unter allen ganzen Zahlen zufällig die Sechs zu wählen, gleich null ist, diese aber trotzdem oft gewählt wird. Da man zudem *immer* die Sechs wählen könnte, ohne die Behauptung über ihre verschwindend geringe Wahrscheinlichkeit zu widerlegen, muß ein „Grenzwert" der Wahrscheinlichkeit entweder wissenschaftlich sinnlos oder unnütz sein. Kurz, das Bernoullische Theorem (dessen stärkere Formen erst Nachfolger erfanden) ist, mit seinen hier dargestellten Parallelen sowie der seltsamen Umkehrung durch von Mises, einer der eklatantesten metaphysischen Auswüchse, die je als Beitrag zur modernen Wissenschaft durchgingen.

13. Einige praktische Erwägungen

Statistische Signifikanz bezieht sich im großen und ganzen darauf, Wahrscheinlichkeiten zu vergleichen, womit wir uns jetzt befassen wollen. Die Wahrscheinlichkeit sehr gestreckter Matchingwertungen ist nicht geringer, als die klassische Theorie errechnet (wie bei der einzelnen Folge), sondern größer.

Wir haben dargelegt, daß einzelne übermäßig gestreckte Folgen aus praktischen Gründen zusammen mit gleich stark verzerrten, aber nur leicht gestreckten eingestuft werden (indem man ihnen unterdrückte Elemente zuschreibt). Dabei werden große Wahrscheinlichkeiten noch mehr aufgebläht, indem sie die geringen Wahrscheinlichkeiten sehr unwahrscheinlicher, bei null eingestufter Ereignisse verschlingen. So präsentiert sich alles, was geschieht, als zumindest nicht unwahrscheinlich.

Daraus folgt jedoch, daß keine Standardfolge von gegebenem Umfang übermäßig gestreckt sein kann. Als weitere Verfeinerung sieben Zufallstests solche Folgen aus, die der Erwartung zu nahe kommen. Von einem intuitiven Genius durchweht, schließen die Tests somit tendenziell *alle Folgen außer den kritischen und fast kritischen* aus. Dabei können wir das „Kritische" aber nicht genau definieren, denn indem wir zu stark verzerrte Folgen an den Enden, zu schwach verzerrte in der Mitte kappen, erreichen wir nicht die Stufe der Standardabweichung, sondern die Stufe wahrscheinlicher Fehler. Eine bessere Annäherung bestünde darin, Folgen im jeweiligen Verhältnis 8 : 17 auszuschließen. Praktisch würde es als Annäherung genügen, aus der mittleren, unverzerrten Region doppelt so viele Folgen zu beseitigen wie aus den äußeren, verzerrten Regionen.

Falls meine These zuträfe, erfüllten die Tabellen von Kendall und Babington Smith, deren Zufälligkeit bei 1 und 99 Prozent getestet wurde, ihren Zweck besser, hätte man 1 und 98 Prozent als

Maßstäbe angelegt. Bei noch strengeren Tests, mit vier Durchläufen auf den Niveaus von 5 und 90 Prozent, wären fast 48 Prozent aller möglichen Standards zurückgewiesen worden. Das bedeutet zumindest, daß alle Wahrscheinlichkeiten, die für Vergleiche zwischen zwei derartigen Folgen errechnet würden, der klassischen Theorie zufolge erheblich geringer wären als in Wirklichkeit.

Selbstverständlich erfordern nicht alle Experimente, daß man zwei solche Folgen miteinander vergleicht, sondern meist verwendet man einen getesteten Standard und eine natürliche oder Versuchsfolge. Beruht die natürliche jedoch auf Raten (wie in Fishers Teetassen-Experiment), so werden in gewisser Hinsicht zwei getestete Folgen gegenübergestellt, denn wer rät, umgeht meist die gleichen Formen der Verzerrung, die auch Zufälligkeitstests ausschließen sollten. Daher überschätzt die klassische Theorie zumindest in allen Rate-Versuchen die Signifikanz der Resultate, und mathematisch gesehen bläht der Matchingaufbau große Signifikanzen viel stärker auf als kleine.

Man kann Folgen herstellen, die in mehrerer Hinsicht fast kritisch sind. Zum Beispiel ist die binäre Folge von 64 Einheiten auch eine solche mit 16 Elementen, die je 16 Einheiten lang sind – was fast, aber nicht ganz, der errechneten Länge einer Folge mit 16 Elementen gleichkommt, die in bezug auf jedes ihrer Elemente eine kritische Verzerrung von 1 hat. Indem wir also die Hälfte unserer möglichen Viererkomplexe zweiteilen und den Rest auslassen, können wir eine Folge bilden, die für Einheiten kritisch, für alle Viererkomplexe fast kritisch ist, weniger jedoch bei Zweier- und Dreierkomplexen. Interessant an diesen Folgen ist, daß sie meist zufällig aussehen, egal wie wir sie anordnen. Doch dabei wird der Faktor, mit dem wir die mit Hilfe der Binomialhypothese errechnete Wahrscheinlichkeit multiplizieren müssen, um sie der Matching-Hypothese anzugleichen, erheblich größer.

Interessanterweise kann man zwar Folgen mit einer Mindestlänge von $L = nw^n$ bilden, bei denen alle Komplexe bis hin zu denen der Länge *n unverzerrt* bleiben; für mehr als eine Art von Komplexen kritisch verzerrte Folgen scheinen aber unmöglich herstellbar zu sein. Wenn die Ungleichung

$$\frac{w^{2m} ma^2}{w^m - 1} \neq \frac{w^{2n} nb^2}{w^n - 1}$$

überall gälte, wo alle Variablen ganze Zahlen sind und $a = b$, dann könnten wir sagen, daß sie immer unmöglich sind. Doch gewiß muß es offen bleiben, eine Folge in beliebig vieler Hinsicht beliebig eng dem Kritischen anzunähern. Die noch fehlenden Schritte lassen sich beliebig verkleinern, indem wir angemessen lange Folgen auswählen. Sie ähneln den pythagoräischen Kommas, die harmonisch konstruierte Tonleitern wegen der Ungleichung $2^m \pi 3^n$ für ganze Werte von m und n enthalten müssen.

Wie bereits erwähnt, lassen sich nicht alle Versuche im Rahmen des oben dargestellten Matchingverfahrens analysieren. Angenommen, wir möchten die Hypothese prüfen, ein bestimmtes Düngemittel befördere das Wachstum der gedüngten Pflanzen. Wir könnten spezielle Flächen gezielt behandeln und später stetig Vergleichsmessungen vornehmen. Natürlich gibt es überhaupt keinen Grund, die gedüngten Stellen zu „randomisieren" – zumindest nicht, wenn wir ganz ehrlich vorgehen. Doch nehmen wir an, wir wollten für den Dünger werben und streuten ihn dort aus, wo die Pflanzen ohnehin am besten gedeihen – was die Resultate natürlich beeinträchtigen würde. Bei Experimenten dieser Art fördert ein Zufallsgenerator bloß die Ehrlichkeit. Wenn jedoch die Anwendung eines anerkannten Randomisierungsverfahrens zufällig bewirkte, daß der Dünger nur die besten Stellen erreichte, dürften wir die Versuchsergebnisse nicht akzeptieren: Im klaren Wissen um die Vorgänge müßten wir sie ebenso dezidiert zurückweisen wie ein gefälschtes Experiment.

Daraus ergeben sich zwei wissenschaftliche Hauptanwendungsgebiete für Zufallsgeneratoren. Man kann sie erstens benutzen, um Versuche im Bereich der Kommunikation, wie Fishers Teetassen-Experiment, zu validieren – eine Absicherung besonderer Art, bei der man alle von der klassischen Theorie errechneten Wahrscheinlichkeiten mit einem spezifischen, kalkulierbaren Faktor multiplizieren muß. Die zweite und ganz andere Art, Zufallsgeneratoren einzusetzen, soll bloß den Experimentator vor der eigenen (lauernden) Unredlichkeit schützen, die gar nicht einmal gewollt sein muß, da es bei sehr schwierigen Versuchen oft kaum möglich ist, ein völlig redliches Verfahren zu bestimmen. Der Zufallsgenerator kann uns durch sehr spezielle (im nächsten Kapitel dargestellte) Auswirkungen auf den Experimentator vor Unredlichkeiten bewahren, die sonst in ihrer Komplexität kaum zu verhindern wären.

Manchen Lesern mag es ärgerlich erscheinen, daß wir einerseits die inneren Widersprüche und Antinomien der Wahrscheinlichkeitstheorie dargestellt haben, andererseits aber die Wörter „Wahrscheinlichkeit“ oder, allgemeiner, „Chance“ im Anschluß kommentarlos weiterbenutzen. Vielleicht sollten wir also zunächst die Grundlagen der Paradoxie genauer analysieren, um sie auflösen zu können.

Das Paradox ist eine Art sprachliches Zauberkunststück und beruht immer darauf, daß einer der Begriffe seine Bedeutung im Laufe der Argumentation subtil verändert. Das „sehr originelle Paradox“ in *Die Piraten von Penzance*, wonach ein 21jähriger am 29. Februar zur Welt kam, also in Geburtstagen erst fünf Jahre alt ist, hängt schlicht davon ab, Geburtstage mit Jahren zu verwechseln. Ähnlich beruhen die „Paradoxa der Wahrscheinlichkeit“ aus dem IX. Kapitel darauf, daß die beiden Bedeutungen des Häufigkeitskonzepts bisher nicht voneinander unterschieden wurden.

Wird erklärt: „Soll ein Ereignis E die Wahrscheinlichkeit p haben, so muß E im Verhältnis p zu E & $\overline{E}$ stehen“, dann nehmen wir an, daß die Wahrscheinlichkeit im Sinne einzelner Ereignisse oder Elemente meßbar ist. Sagt man allerdings: „Soll der Kontext zufallsabhängig bleiben, so muß das Verhältnis zwischen E und E & $\overline{E}$ in einer Phase irgendeinen anderen seiner möglichen Werte annehmen“, dann meinen wir den Wahrscheinlichkeitsbegriff, der auf molekulare Ereignisse oder Komplexe angewandt wird. In der klassischen Theorie geht man davon aus, daß sich der eine Wahrscheinlichkeitstyp nach ziemlich einfachen Regeln in den anderen transformieren läßt. Zum Beispiel heißt es, wenn die Wahrscheinlichkeit des Ereignisses E bei *einem* Versuch $\frac{1}{x}$ beträgt, dann ist die, in hundert Versuchen nur Es zu erhalten, gleich $\frac{1}{x^{100}}$. Doch wie gesehen, trifft das nicht zu, und statt komplementär zu sein, stehen die beiden Wahrscheinlichkeiten letzten Endes sogar miteinander in Widerspruch. Damit hat man hier bloß die Konzepte der primären und sekundären Zufälligkeit auf die Bezugspunkte der Wahrscheinlichkeitsschätzung – nämlich elementare und zusammengesetzte Verzerrung – übertragen. Doch sobald wir ganz klar zwischen beiden unterschieden hatten, durften wir den Begriff der Wahrscheinlichkeit wieder benutzen, wie es im Anschluß ja auch geschah. Allerdings haben wir mit der Auflösung des Paradoxes noch nicht das

Ende des Weges erreicht, denn das Häufigkeitskonzept der Wahrscheinlichkeit ist genauso vage wie paradox.

Es gibt zwei Arten der Vagheit – eine schwache und eine starke. So ist der Begriff „Alkohol“ schwach vage. Schwache Vagheit läßt sich durch nähere Definition beheben. Wir können dem Wort „Alkohol“ das Vage nehmen, indem wir es genauer bestimmen – zum Beispiel mit dem Zusatz „Äthyl“.

Die starke Vagheit läßt sich nicht derart ausräumen. Ort und Impuls des Elektrons bleiben uns vage, weil unsere Meßverfahren auf diese Variablen reagieren und damit eine absolute Ungewißheit einführen. Ähnliches gilt für unsere soziologischen Aussagen: Publizieren wir nämlich Prognosen über das Verhalten der Menschen, so könnten die Menschen diese aus purer Perversion zunichte machen – wie jener Herrscher, der seinem Seher befahl, ihm die Zukunft zu prophezeien, bloß um ihr Eintreten durch geeignete Maßnahmen zu verhindern.

Die Vagheit ist also immer dann stark, wenn wir eine Besonderheit oder Variable erklären möchten, die sich aufgrund der Beobachtung verändert. Solch eine Variable ist der Wahrscheinlichkeitsbegriff. Zufallsfolgen sind wie eine perspektivlose Treppenzeichnung: Erst scheinen wir sie von oben zu sehen, dann plötzlich von unten. Auf die Treppe bezogen, ist die Zeichnung ambig. Ihre Zweideutigkeit läßt sich auflösen, indem man sie lediglich als ein geometrisches Muster betrachtet.

Unter solcher Unentschiedenheit dürfte auch unsere Wahrnehmung von Zufallsfolgen leiden, denn sie müssen ambig erscheinen. Wir bilden Hypothesen über ihre Entstehung, um sie dann eine nach der anderen zu verwerfen. Wie bei den Tintenklecksen im Rohrschach-Test können wir nicht entscheiden, welche Interpretation die richtige ist; und jeder Hinweis auf eine konkrete Deutung führt vermutlich dazu, daß man sie für eine andere opfert. Genau in der letzteren Eigenschaft liegt das massiv Vage der Wahrscheinlichkeit. Eine ganz aus Einsen bestehende Folge ist nicht ambig, weil unter allen Hypothesen, die man für ihre Bildungsregeln aufstellen kann, die Formel „eine Eins nach der anderen“ bei weitem die einfachste ist. Über lange Folgen von Münzwürfen gibt es dagegen meist viele Hypothesen, wovon keine viel simpler erscheint als die anderen.*

* Dieses Konzept wurde von Kolmogorov näher untersucht. Siehe dazu beispielsweise Paul M. B. Vitányi (1990): Kolmogorov Complexity and its Appli-

Im ersten Beispiel verhalf uns Ockhams Rasiermesserprinzip zu einer klaren Regel, doch für das zweite ist das Rasiermesser nicht scharf genug.

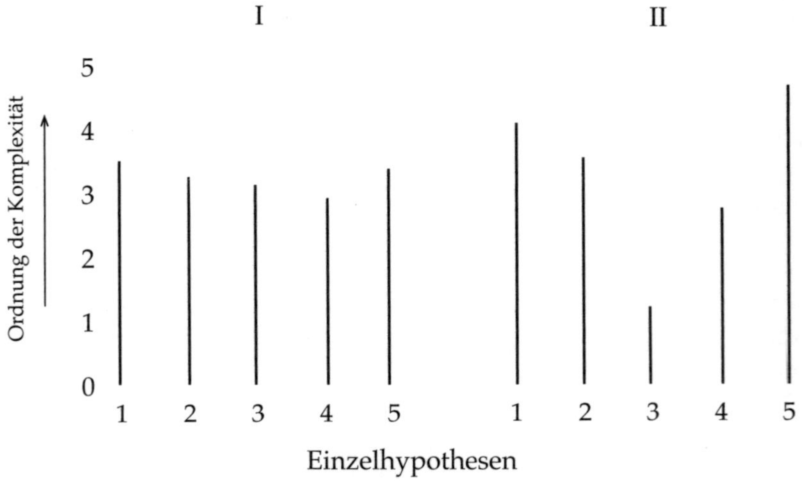

Die jeweilige Form des Graphen – flacher oder steiler Gradient für die Komplexität der Hypothesen – hängt vom Beobachter ab, der sich mit den Daten befaßt. Beispielsweise werden die hundert Stellen ab der fünfhundertsten in der Dezimalbruchentwicklung von „π" den meisten Menschen zufällig erscheinen, so daß man sie irgendeiner Linie des ersten Diagramms zuordnen könnte. Wer „π" bis zur sechshundertsten Dezimalstelle kennt, könnte diese hundert Ziffern hingegen mühelos interpretieren, was Hypothese 3 des zweiten Diagramms entspräche. Nur hier läßt sich Ockhams Rasiermesser erfolgreich einsetzen.

Derart formal gesehen, bedeutet Erkenntnisgewinn, flache Gradienten zwischen Hypothesen durch steilere zu ersetzen. Doch letzten Endes hängt er von der Natur des Beobachters ab, denn was dem einen Mühe bereitet, erscheint dem anderen einfach. So ist gemeinsames Wissen allein durch ein gewisses Maß an Übereinstimmung in den nervlichen Strukturen kommunizierender Tiere möglich.

cations. In: Handbook of theoretical Computer Sciences, ed. by J. van Leeuwen, Elsevier, chap. 4, Ming Li. (Anm. d. dt. Hrsg.)

14. Der Zufallsgenerator

Um aus den Zahlen von 0 bis 9 eine Zufallsfolge zu bilden, muß ich gezielt dafür sorgen, daß keine der Ziffern viel häufiger auftritt als die anderen. Bemerke ich etwa ein Überwiegen von Sechsen, dann lasse ich sie pausieren. Nach einer Zeit dürfte ich entdecken, daß gewisse Kombinationen wiederkehren, etwa daß die Sechsen in meiner Folge häufiger von Siebenen als anderen Zahlen gefolgt sind, würde also fortan versuchen, diesen Trend zu unterbinden. Mit wachsender Folge fände ich jedoch immer verwickeltere Typen der Wiederholung, die eigentlich unzulässig sind. Wäre ich sehr wachsam und bemerkte sie alle rechtzeitig, so hätte ich eine Folge produziert, die alle entsprechenden Zufälligkeitstests bestünde. Mein Kollege Babington Smith arbeitet derzeit an einer solchen Folge, so daß wir über die Aussichten seines Projekts nachdenken können.

Zunächst sollte jedes Ereignis in einer als zufällig bezeichneten Folge von den vorausgegangenen unabhängig sein. Beim beschriebenen Verfahren kann das jedoch nur gelingen, sofern wir sehr aufmerksam beobachten, was bisher geschah, um dann gezielt einzugreifen. Wenn wir dem Zufallsbegriff selbst nicht bereits mißtrauten, würden wir hierin ein Paradox sehen. Die einzige Alternative wäre anzunehmen, daß die Ziffern in Zufallsfolgen eben nicht voneinander unabhängig sind.

Der französische Philosoph Poincaré beschrieb den Zufallsgenerator oder Randomisator als ein Gerät, in dem sich kleine Ursachen groß auswirken. Beim Würfeln genügen demnach ganz geringe Veränderungen der Anfangsbedingungen, um das Resultat stark zu beeinflussen. Man könnte auch sagen, daß unterschiedliche Ursachen dasselbe Resultat haben können, etwa wenn zwei verschiedene Würfeltechniken dieselbe Augenzahl erbringen. Das ist eine wichtige Rahmenbedingung für die Randomisierung, die ich etwas genauer untersuchen möchte.

Poincarés These läßt sich wie folgt veranschaulichen. Stellen wir uns ein Getriebe vor, dessen Hebel einen Zeiger vor einer Skala bewegt. Das Getriebe setzt jeden Millimeter Hebelbewegung in einen Zeigerausschlag von einem ganzen Meter um. Wenn wir den Hebel höchstens auf Zehntelmillimeter genau positionieren können, entspricht dem beim Zeiger eine maximale Präzision von zehn Zentimetern. Nun soll die Zeigerskala von 0 bis 9 durchgezählt in Zentimeter und Millimeter unterteilt sein. Das ist im wesentlichen unser Randomisator. Der Bediener muß nur den Hebel in die gewünschte Position bringen und dann die angezeigte Zahl notieren. Definitionsgemäß kann er keine Zahl direkt ansteuern, da eine Zielabweichung von bis zu hundert Strichen möglich ist.

Man sieht sofort, daß diese Idee fast genau dem Gerät entspricht, mit dem Kendall und Babington Smith ihre bekannten Zufallszahlen erzeugten. Sie schickten indes manuell ausgelöste Elektronenblitze auf ein schnell kreisendes Rad, dessen Umfang mit Einheiten von 0 bis 9 markiert war. Die jeweils aufleuchtenden Zahlen wurden dann festgehalten und als zufällig veröffentlicht. Der mit diesem Gerät aufgeblähte Irrtum beruhte auf der Regelmäßigkeit der Impulse. Bei absolut rhythmischen Blitzen und konstantem Tempo der Drehscheibe, wie hoch es auch sei, entstünde keine Randomisierung. Die gebildete Folge wäre also ebenfalls vollkommen gleichmäßig. Allerdings tritt aufgrund gewisser Unregelmäßigkeiten bei den Blitzen, sofern diese maximal mehrere Umdrehungen ausmachen, eine Randomisierung ein. Wir wollen also annehmen, daß diese Bedingungen im Gerät von Babington Smith erfüllt sind. Weiter angenommen, der Bediener strebe absolut regelmäßige Blitze an und lasse eine maximale Abweichung von, sagen wir, zehn vollen Umdrehungen zu. Nun will er mit dieser Anlage eine Tabelle von Zufallszahlen erzeugen. Welche logischen Implikationen hat sein Verhalten?

Zunächst gilt in diesem Rahmen, daß der Bediener gewünschte Zahlen nur mit Glück treffen könnte. Jedenfalls würde er kaum wetten, mit dem nächsten Blitz etwa eine 9 zu holen. Das mag ihm mal gelingen, aber auf längere Sicht würde er wahrscheinlich verlieren. Und wenn er oft genug in Folge nicht verlöre, schöpften wir sogar Verdacht, daß er die Maschine besser steuern könne, als wir annahmen, und sie gar kein Randomisator sei. Da der Grad seines

Einflusses im Sinne der erzeugten Resultate definiert ist, können wir sicher sein, daß jede Zahl ungeachtet aller Vorlieben des Bedieners nur mit der ihr zukommenden Häufigkeit in der Zufallsfolge auftreten wird.

Wenn der Experimentator länger an seiner Maschine arbeitet, nehmen die erzeugten Blitze nach und nach einen Rhythmus an, womit jedoch nicht Steuerung gemeint ist, da der Bediener automatisch arbeitet, ohne bewußt Ziele zu verfolgen. Bekanntlich können ohne Wissen und Wollen der Person sehr regelmäßige Verhaltensmuster auftreten, die sich schließlich in der gebildeten Zahlenfolge niederschlagen. Nun wird der Experimentator, sobald er sie bemerkt, an der Maschine zu zweifeln beginnen und genau darauf achten, ob diese Regelmäßigkeit anhält. Von da an läßt sich sein Verhalten als ein Bemühen deuten, die Regelmäßigkeit experimentell fortzusetzen. Als solches ist es, wie wir sahen, zum Scheitern verurteilt, weil der Bediener diese Form der Regelmäßigkeit definitionsgemäß nicht steuern kann. Hier gleicht er dem Tausendfüßler, der gefragt wird, wie er sich daran erinnern könne, welches Bein als nächstes an der Reihe sei. Genau wie dem armen Tierchen ergeht es auch dem Mann am Randomisator – um seinem Ruf automatischen Verhaltens gerecht zu werden, will er dieses bewußt nachvollziehen, was total mißlingt. Damit weicht es irgendeiner neuen Regelmäßigkeit, die andauert, bis sie ebenfalls entdeckt und aufgelöst wird.

Betrachten wir nun, welche Art von Folge aus einem solchen Kontext hervorgeht. Gewiß eine ganz ähnliche wie jene, die Babington Smith im Kopf bildet, denn sie bleibt ungeprüft, bis der Wissenschaftler eine Regelmäßigkeit oder Verzerrung diagnostiziert. Während er die aufgedeckten Muster im Fall ohne Maschine anschließend meiden muß, braucht er sie beim maschinellen Vorgang lediglich zu wiederholen. Da es anstrengender ist, Muster zu umgehen als sie zu wiederholen, steht zu vermuten, daß uns Zufallsgeneratoren nicht nur entlasten, sondern auch etwas bessere Resultate bescheren als das Gehirn. Wir dürfen jedoch nicht glauben, daß maschinell erzeugte Folgen besser sein *müssen* als andere, *sofern man hier sorgfältig genug arbeitet*. Am Ende haben beide dieselben Zufälligkeitstests zu bestehen. Der Apparat hilft uns zwar, gewisse animalische Regungen zu bekämpfen, ist aber keineswegs notwendig für den Randomisierungsprozeß. Seine Überlegenheit ergibt sich aus der psychologischen Tatsache, daß es leichter ist, ein Verhalten zu wiederholen als zu vermeiden: Wenn wir eine Zufallsfolge herstellen, dürfen wir uns vor allem nicht wiederholen.

Bei der Arbeit mit dem Zufallsgenerator muß sich der Bediener bloß vor Augen halten, welche Muster der Folge er vermeiden will. Alles andere besorgt seine natürliche Neigung, sie zu reproduzieren. Der Randomisator setzt Informationsfeedback als Sperre ein, entbindet also den Bediener von der Pflicht, die eigene, weniger verläßliche Hemmkraft zu benutzen.

Falls der Randomisierungskontext damit zutreffend beschrieben ist, müßten die so erzeugten Folgen als Bestätigung hierfür dienen. Das möchte ich nun an zwei einfachen Beispielen veranschaulichen.

Babington Smiths Randomisator wurde fast ausschließlich von ihm selbst und seinem Assistenten bedient. Als er selber die Maschine überwachte, hatte er alle von ihm und Kendall entworfenen Maßstäbe für die erzeugte Folge vor Augen, und diese bestand schließlich in der Tat sämtliche Tests. Eine Zeitlang stand jedoch sein Assistent am Gerät, der die gewählten Kriterien nicht kannte. Er produzierte zehntausend Ziffern, die man ursprünglich zusammen mit den übrigen publizieren wollte. Als sie jedoch eindeutig durch den simpelsten Häufigkeitstest fielen, musterte man sie aus.[1]

Das zweite Beispiel handelt nicht von Wahrscheinlichkeitstüftlern, sondern von Psychologen. Seit ungefähr zwanzig Jahren richtet sich das Augenmerk der Experimentalpsychologen zunehmend auf Würfel und sonstige Zufallsgeneratoren. Dabei wollen sie entdeckt haben: Wenn Muster in langen Folgen von Randomisierungs- oder Matchingvorgängen eine hochgradige Signifikanz erreichten, dann verschwinden sie bei fortgesetzter Folge, sofern sie bemerkt wurden. Die für solcherart verschwindende Matchingmuster angebotenen Erklärungen sind relativ kompliziert und tun hier nichts zur Sache; uns interessiert daran in erster Linie, ob das hier entwickelte Modell der Randomisierung sie erklärt.

Als wesentliches Kriterium der Zufälligkeit galt das Fehlen eines Musters. Dabei blieb indes unberücksichtigt, daß – logischerweise – dort, wo ein Muster fehlt, ein anderes vorhanden sein muß. Also ist es mathematisch widersprüchlich zu sagen, daß eine Folge kein Muster birgt; allenfalls könnte man sagen, an ihr sei kein Mu-

1 *J. Royal Statistical Soc. Supplement* 6, 1939, S. 58 ff.

ster festgestellt worden. Der Zufallsbegriff ist nur in bezug auf einen Beobachter sinnvoll; wenn zwei Beobachter gewöhnlich verschiedene Arten von Mustern suchen, so müssen sie geteilter Meinung darüber sein, welche Folgen sie als zufällig gelten lassen.

15. Das schrumpfende Feld

Wie wir sahen, hängt das einer Matchingwertung zugeordnete Wahrscheinlichkeitsmaß davon ab, welche Form von Verzerrung wir in der Standardfolge für relevant halten. Unser endgültiger *p*-Wert beruht ziemlich willkürlich darauf, welchen Grad der Zusammensetzung oder welche Kombination von Graden wir betrachten. Sofern wir außerdem in Fällen mit nw^n größer als L eine relevante Verzerrung annehmen müssen, ist unser Signifikanzmaßstab durchweg beeinträchtigt, und die erlangten *p*-Werte besagen nichts.

Angenommen, wir hätten mit einer Standardfolge vier eigenständige Zufallstests auf den Ebenen 5 und 90 Prozent durchgeführt. Nunmehr überprüfen wir unsere Wahrscheinlichkeiten auf der Basis, etwa 48 Prozent der möglichen Bernoulli-Folgen* ausgesiebt zu haben. Dabei ergeben sich bestimmte *p*-Werte, worauf wir die ursprüngliche Folge weiteren Zufallstests unterziehen. Sollte sie auch diese bestehen, geraten wir in ein peinliches Dilemma, denn nun haben wir bereits mehr als 48 Prozent der verfügbaren möglichen Standards verworfen und müssen unsere *p*-Werte entsprechend revidieren. Bestürzend ist, daß man dieses Verfahren offenbar noch weiter treiben kann.

Umgekehrt haben wir damit gezeigt, daß jedes auf Signifikanztests gestützte Versuchsergebnis beeinträchtigt wird, sobald man in der ursprünglichen Standardfolge ein Muster entdeckt. Gäbe es derzeit eine gewisse Anzahl statistisch relevanter Resultate, würden aber keine weiteren Experimente durchgeführt, so sähe ihre Zukunft wie folgt aus: Zunächst blieben alle diese Resultate im statistischen Sinne gültig – das heißt, Wahrscheinlichkeitsschätzungen beruhten darauf, daß wir in den verwendeten Standardfolgen keine relevan-

* Heute ist der Begriff der Bernoulli-Ketten üblich. (Anm. d. dt. Hrsg.)

te Verzerrung vermuten. Nach einiger Zeit untersuchten wir die Daten genauer und entdeckten dabei gewisse Muster in den Standardfolgen, die uns zuvor entgangen waren. Wenn wir so nach und nach mit allen Standards verfahren, gerät der *p*-Wert für den betreffenden Versuch ins Wanken, was zuletzt alle Resultate beeinträchtigte.

Die Konsequenz hieraus lautet, daß unser Wissen ohne fortgesetztes Experimentieren oder Hinterfragen tendenziell abnähme. Sich selbst überlassen, schrumpfte das Reich der Wissenschaft allmählich, weil nach und nach alle ehemals wissenschaftlich verbrieften Ergebnisse als Anekdoten oder Histörchen umgedeutet werden müßten. Wenn nicht mehr weiter geforscht wird, erstarrt schließlich alle Wissenschaft zur Geschichte. Wissenschaft ist ein anhaltender Lebensprozeß, für den Projekte wichtiger sind als Befunde: *Wo die Projekte enden, da beginnt das Sterben.* Wissenschaft erschöpft sich genauso wenig in bloßen Befunden, wie eine Bibliothek den Lehrer ersetzen kann.

Nur durch ständige Wiederholung von Experimenten mit immer anderen Standards bleibt die wissenschaftliche Erkenntnis am Leben. Gerade daran erweist sich die Kraft des von Sir Ronald Fisher dargelegten Grundsatzes, der zum Experimentalparadox führte. Danach kann – wie bereits ausgeführt – kein an sich noch so signifikantes einzelnes Versuchsresultat hinreichen, um irgendein Naturgesetz zu beweisen. Das Paradox ergab sich schließlich daraus, daß man jede beliebige Anzahl von Versuchen als ein einzelnes Experiment betrachten kann, doch mit der Hypothese vom schrumpfenden Feld läßt es sich sofort auflösen.

Die Differenz zwischen Einzelexperimenten und Versuchsfolgen liegt allein darin, daß jene meist schneller zu Anekdoten werden, obwohl davon auch diese nicht ausgenommen sind. Letzten Endes ist es bloß eine Frage der Zeit, wann sich ein Muster findet, das allen bisher benutzten Standards gemeinsam ist – und sobald wir es kennen, wird die ganze Folge ebenso wie das Einzelexperiment zur Anekdote. Hier siegt also allein die Lebendigkeit der wissenschaftlichen Methode. Gleich der „negativen Entropie" neigt wissenschaftliche Erkenntnis ständig zum Schwund. Nur die Einstellung, Experimente unaufhörlich wiederholen, Resultate endlos bestätigen zu wollen, verhindert ihr endgültiges Abgleiten ins Anekdotische.

Anhang I – Über Wunder

Wer um ein Wunder betet, erbittet etwas höchst Unwahrscheinliches. Allein im Pazifik treibend, denkt einer: „Jetzt kann mich nur noch ein Wunder retten.“ Dabei ist das Wort „Wunder“ durchaus am Platze, zumal es der verschwindend geringen Wahrscheinlichkeit entspricht, daß ein Schiff oder Helikopter vorbeikommt. Wüßte der Ertrinkende genau, daß ein Hubschrauber mit geeignetem Bergungsgerät unterwegs ist, so dächte er ja nicht verzagt an Wunder.

Wir erkennen eine Analogie zwischen Wundern und wissenschaftlichen Versuchsergebnissen, denn letztere sind hochgradig signifikant und damit sehr geschätzt, wenn die Wahrscheinlichkeit ihres Auftretens bei einer Nullhypothese gering ist. Die meisten wissenschaftlichen Resultate sind deshalb keine Wunder, weil sie häufig wiederkehren. Da wir beginnen, mit ihnen zu rechnen, kommen sie als Wunder kaum in Betracht. Hoch signifikante wissenschaftliche Resultate würden sich allerdings in Wunder verwandeln, wenn sie nie (oder kaum je) wiederkehrten.

Wie bereits erwähnt, gilt das ganz besonders für die Phänomene der Experimentalpsychologie. Hier findet man Resultate von erheblicher Signifikanz, manchmal – allerdings seltener als meist angenommen – über längere Zeiträume von Wochen oder Monaten gewonnen. Doch dann ist es immer das gleiche: In einer bestimmten Versuchsphase sinken die Resultate ins Belanglose ab und erholen sich davon nicht mehr. Ob Abgleiten oder Absturz, sobald der Verfall einsetzt, ist in der Regel das Ende dieser Resultatserie besiegelt, obschon der gleiche Versuchsaufbau später signifikante Resultate anderer Art erbringen mag, bei denen sich die Geschichte jedoch wiederholt.

Das Ärgerliche an solchen Resultaten ist, daß sie alle irgendwann ihre wissenschaftliche Geltung verlieren und sich, eines nach dem anderen, in Anekdoten verwandeln – auch wenn hier Rhine oder Soal einwenden mögen, sie hätten 1934 bzw. 1943 signifikante Resultate des Grades soundso erzielt (meist mit *p*-Werten, die empirisch kaum nachprüfbar sind): Da weder sie selbst noch irgendwer sonst solche Resultate wiederholen kann, fallen ihre Befunde früher oder später der Regel zum Opfer, daß sich die Grenzen des schrumpfenden Feldes unerbittlich schließen. Gewiß ist damit nicht alles vorüber, zumal statistisch hoch signifikante Resultate ungeachtet ihres späteren Schicksals zu Kommentaren einladen. Wo diese keine Verstöße gegen die Grundsätze des Experimentierens selbst bemängeln, können sie – nachdem die Regel des schrumpfenden Feldes ihren Tribut forderte – nur noch den Wert der statistischen Methoden anzweifeln, mit denen ihre Signifikanz errechnet wurde.

Der klassischen Theorie zufolge bleiben solche Resultate rätselhaft. Geringe Wahrscheinlichkeiten, die als Signifikanzkriterien benutzt werden, sollen auf beweisbare Wiederholbarkeit hindeuten. Aber das Schlimme an den experimentalpsychologischen Befunden ist, daß ihre Wiederholbarkeit niemals von Signifikanz zeugt. Vielmehr geben sie uns gute empirische Gründe, die allgemeine Geltung der klassischen Häufigkeitswahrscheinlichkeit zu bezweifeln.

Doch im Lichte der hier aufgestellten These, besonders im Hinblick auf die Vorgänge in Zufallsgeneratoren, sind diese Resultate gar nicht mysteriös. Die These fordert sie sogar. Aufgrund des XII. und XIV. Kapitels wissen wir, daß die Reihen eines sich selbst überlassenen Zufallsgenerators nach jedem gewählten Standard höchst signifikant verzerrt sein werden. Doch ein guter Zufallsgenerator bleibt nicht sich selbst überlassen, sondern bekommt Feedback vom Bediener oder Beobachter, um ein Übermaß an bekannten Mustern zu verhindern. Bei solchen Geräten können signifikante Muster nur auftreten, solange sie unbemerkt bleiben. Sobald der Betreiber sie erkennt, schließt sich eine negative Rückkoppelungsschleife und verhindert sogleich weitere Wiederholungen des fraglichen Komplexes.

Die Gültigkeit statistischer Signifikanzmaßstäbe hängt stets davon ab, daß wir die Versuchsanordnung als einen echten Zufallsgenerator betrachten können. Das Endergebnis, bestehend aus einer Reihe von Matchingwertungen, läßt sich als der Ertrag eines einfachen Randomisators auffassen. Diesen nennen wir dann „signifikant“ oder „belanglos“, je nachdem, ob wir ihn für verzerrt oder gestreckt halten.

Ein ganz sich selbst überlassener Randomisator stellt also Folgen her, deren Proportionen beliebig signifikant von der anfänglichen Wahrscheinlichkeitsschätzung abweichen. Wir erwarten jedoch nicht, daß ihre Tendenzen absolut konstant bleiben. Sogar ohne Eingriffe muß sich die Verzerrung leicht verändern, da sie sich zum Beispiel abnutzt. So entsteht das eigentümliche Spektakel einer Verzerrung, die zuerst große Signifikanz gewinnt und dann allmählich nachläßt. Das ist in der Experimentalpsychologie wahrhaft oft zu beobachten. Viel kurioser erscheint jedoch jene Signifikanz, die sich im Lauf der Zeit ausbildet, plötzlich vom Experimentator bemerkt wird und dann restlos verschwindet. Vorgänge dieser Art sind so verbreitet, daß eingeschworene Psychologen wie Thouless nach Mitteln und Wegen suchten, sie schon in der Versuchsplanung zu berücksichtigen. Ihre wichtigste Gegenmaßnahme ist offenbar, nie vor Ende eines Versuchs zu kontrollieren, ob etwas Eigenartiges passiert. Alle Experimente werden mit anderen Worten möglichst gestaltet wie Babington Smiths Zufallsgenerator, als sein Assistent ihn bediente: Man bemüht sich nach Kräften, die Rückkoppelungsschleife auszuschalten, an der die Besonderheit faktisch scheitern würde.

Hier bestätigt sich Aristoteles’ Aperçu, daß wir den Zufall nicht beweisen können. Wenn nämlich meine These zutrifft, dann läuft die ganze Organisation der Experimentalpsychologie darauf hinaus, das Nichtbeweisbare beweisen zu wollen. Niemand kann beweisen, daß er Glück hat, ohne sich der Gaunerei verdächtig zu machen. Ab und zu wird uns kurz bewußt, daß im gegenwärtigen Zustand offenbar nichts schiefgehen kann, aber meist versagen damit jene unbeeinflußbaren Mechanismen, denen sich die Gewißheit verdankte.

Doch manche Menschen scheinen ihr Glück besser bewahren zu können als die meisten anderen. Sie können ihres Glücks innewerden, ohne daß sofort ein jähes Erwachen folgte. Interessanterweise sind sie (wie uns die Experimentalpsychologie mitteilt) eher extrovertiert als introvertiert. Bekanntlich können extrovertierte Menschen den Informationsfluß innerhalb ihres Nervensystems rascher und besser steuern als introvertierte. Wenn also Wahrsagerinnen, die etwa in Telepathie-Versuchen eine Erfolgssträhne haben, meist zu versagen beginnen, sobald sie ihre Trefferbilanz erfahren, könnte dies bei akuter Hysterie anders sein. Zwar ist die Informationssperre sogar hier vorhanden, wirkt jetzt aber intern. Selbstverständlich gelten diese Bemerkungen auch für die Experimentatoren selbst, mit ihren individuell sehr unterschiedlichen Resultaten. Zudem erklären sie Rhines Diagnose – je mehr Menschen ein psychologisches Experiment beobachten, desto wahrscheinlicher mißlingt es. Hierbei liegt die Schlußfolgerung auf der Hand, daß mit der Beobachterzahl auch die Wahrscheinlichkeit negativer Rückkopelungsschleifen steigt.

Obwohl sich die meisten Experimentalpsychologen für das Mysteriöse interessieren, nehmen sie höchst ungern zur Kenntnis, daß erklärte Mysterien nicht mehr mysteriös sein können. Wen das Mysteriöse als solches reizt, der sollte besser nicht an einer wissenschaftlichen Einstellung arbeiten. Mysterien sind Beobachtungen, die wir nicht einzuordnen wissen – und allein in diesem Sinne sind Zufallsserien mysteriös. Der Grundirrtum einiger Psychologen besteht darin, sich als Wissenschaftler zu gerieren, die Mysterien *als solche* reizen, doch das brandmarkt sie nur als Schafe in Wolfspelzen.

Anhang II – Zur Praxis

Eine Frau tritt als Medium auf und behauptet zu spüren, ob wir an eine gerade oder ungerade Zahl denken. Allerdings sei ihr Vermögen nur morgens zuverlässig. Wir beschließen, sie zu testen.

Wir entwerfen also ein fünftägiges Experiment, bei dem wir sie pro Tag hundertmal raten lassen – fünfzigmal morgens und fünfzigmal nachmittags. Wir wollen ihr jeweils im Anschluß mitteilen, ob ihr Gespür zutraf oder nicht. Als Vorkehrung gegen reine Kombinatorik oder besonderes Rateglück verwenden wir publizierte Zufallszahlen. Die ersten fünfhundert Ziffern aus den statistischen Tabellen von Yates und Sir Ronald Fisher sind für diesen Zweck erstaunlich gut geeignet: Jede der paarweise angeordneten Spalten enthält fünfzig Zahlen, so daß wir für jeden Tag ein Spaltenpaar benutzen können. Die fünf Spaltenpaare des ersten Zahlenblocks genügen demnach für das gesamte Experiment.

Nachstehend folgt die erste Spalte der Tabellen, bereits in gerade und ungerade Zahlen transkribiert, nebst der Angabe, ob das Medium richtig (R) oder falsch (F) tippte.

01111 FFRRR	10011 RFRFR	10011 RFRFR	11111 RRRRR	01000 FFFRR
11111 FRRRR	01000 FFFRR	00001 RRRRF	11001 RRFRF	10001 RFRRF
11001 RRFRF	00111 FRFRR	00101 FRFFF	00101 FRFFF	00101 FRFFF
01101 FFRFF	00000 FRRRR	11000 FRFRR	10101 FFFFF	01100 FFRFR

Am Morgen des ersten Tages tippte das Medium also 32mal richtig – siebenmal über der Zufallserwartung, am Nachmittag dagegen nur 19mal – sechs darunter. Noch viel eindrucksvoller als der Morgenwert ist die Differenz von 13 zwischen Morgen- und Nachmittagsleistung. Somit liegt der kritische Differenzenquotient, ziemlich signifikant, bei über 2,5. An den folgenden Tagen müssen wir daher sowohl, wie vom Medium selbst angeregt, auf die hohen Morgenwerte achten als auch auf gleichgerichtete große Differenzen zwischen Morgen- und Nachmittagsergebnissen.

Tabelle I zeigt die Resultate des gesamten Experiments. Man sieht, daß die hohen Morgenwerte ebenso fortbestehen wie die Differenzen, doch in beiden Fällen sinken die Werte gegen Ende des Experimentes ab, und in beiden Bereichen, besonders im zweiten, werden ziemlich signifikant hohe Werte aufgebaut, so daß die Fähigkeit des Mediums erwiesen scheint.

Tabelle 1

Läufe mit geraden und ungeraden Zahlen aus den Fischer-Tabellen.

Werte über (+) und unter (–) der Zufallserwartung.

Tag	1	2	3	4	5	Summe	Zuferw.	p
Morgen	+ 7	+ 2	+ 5	+ 5	+ 5	+ 24	3,03	<0,004
Nachmittag	– 6	– 6	– 4	0	+ 1	– 15	1,90	
Differenz (erwartete Richtung)	13	8	9	5	4	39	3,48	<0,0006

Angenommen, wir wollten dieses Ergebnis überprüfen, indem wir das Experiment mit der nächsten Fünfhunderterspalte wiederholen, doch keiner dieser Trends bestätigte sich. Was würden wir davon halten? Im Jargon der Experimentalpsychologie müßten wir sagen, das Medium habe seine telepathische oder hellseherische Gabe verloren. Folgen wir jedoch dem Usus der strengeren Wissenschaften, dann sollte die ausbleibende Bestätigung unseren Argwohn wecken.

Nehmen wir die Daten etwas genauer unter die Lupe. In der Wertung für die ersten beiden Durchgänge sieht man richtige Antworten dann und nur dann, wenn das aufgeführte Symbol mit dem vorausgegangenen identisch ist. Daraus wäre zu schließen, daß sich das Medium stets am letzten Ergebnis orientierte, und keine der folgenden Wertungen widerspricht dieser Hypothese. Demnach spricht vieles dafür, daß die Resultate nicht von Hellseherei zeugen, sondern rein mechanisch erzielt wurden. Sie spiegeln nur wider, daß die Spalten eine signifikante Tendenz zu langen Serien ungerader Zahlen aufweisen.

Daraus ergeben sich mehrere bedeutsame Konsequenzen. Erstens sehen wir, wie leicht man hoch signifikante Resultate erhalten kann, die nichts anderes zeigen, als eine Vorgabe des als Standard benutzten Randomisators. Zweitens erkennen wir, daß eine massiv signifikante Tendenz nach ihrer Entdeckung im Rest des Experiments langsam ganz abstirbt. Und schließlich erkennen wir, daß die spätere Suche nach Auswirkungen auf den weiteren Verlauf der Reihe fruchtlos ist.

Dieses Scheinexperiment sollte hauptsächlich veranschaulichen, daß sich solche signifikanten Resultate bei allen scheinbar zufälligen Reihen einstellen können. Nur um der Spielerei willen habe ich ein denkbares psychologisches Forschungsexperiment daraus gemacht. Die Idee basiert auf einem Projekt von Thouless[1], der zeigen zu können meint, daß psychologische Forschungsexperimente morgens die besten Resultate erbringen. Übrigens sind die hier vorgeführten Resultate signifikanter als seine. Ich will jedoch keineswegs behaupten, daß solche Vorgaben in den heute benutzten Tabellen von Zufallsziffern die signifikanten Werte der Experimentalpsychologie erklären, denn das allein wäre eine wahrhaft dürftige These. Mir geht es vielmehr ganz grundsätzlich darum, daß jedes Bemühen um Randomisierung, *also Tabellen von Zufallszahlen genauso wie psychologische Experimente*, zu jenen kuriosen Resultaten führen muß, die Psychologen gerne als Hinweise auf Telepathie und sonstigen Hokuspokus verstanden. Meine Mutmaßung von 1953 in *Nature*[2] lautete bloß: Wenn, wie ich glaubte, viele psychologische Forschungsresultate nur dem wahrscheinlichen „Scheitern" unserer Randomisierungsmaßnahmen entsprachen, so müßten sich analoge Beispiele schon in den als Zufallszahlen publizierten Quellen der Randomisierung selbst finden. Das ist inzwischen völlig zweifelsfrei nachgewiesen – da das Material jedoch nicht allgemein be-

1 R. H. Thouless (1951): *Proc. Soc. Psych. Res.* 49, S. 107.
2 G. Spencer-Brown (1953): *Nature* 172, S. 154.

kannt ist, möchte ich es hier zusammen mit neuen eigenen Belegen aufführen. Das Pseudoexperiment, mit dem dieser Anhang begann, ist ein sehr grundlegendes Beispiel dieser Art.

Als ich meinen Beitrag für *Nature* schrieb, hatte ich die Tabellen von Fisher und Yates einer Reihe von Matchingtests unterzogen. Die Resultate sind in der Tabelle II dargestellt.

Tabelle II

Matchingwertungen für die Fisher-Tabellen

Erste Serie: Durch Würfeln bestimmte Blätter und Spalten.

Lauf	Blatt:	D-Menge	Spalte:	T-Menge	Matchingwertungen		
					Direkt	Verschiebung	
						A	B
1.	I	2	1	4	+15	+2	+4
2.	V	2	1	5	0	+9	+9
3.	VI	3	1	5	-3	-1	-2
					+12	+10	+11

Dritte Serie: T-Spalten nacheinander genommen; Auswahl von zwei D-Spalten durch Zufallszahlen bestimmt.

Erster Teil

1.	I	1	9	2	+16	+21	+11
2.	I	3	9	4	+16	0	+4
3.	II	2	9	3	-3	0	+3
4.	II	4	9	5	-4	-4	+3
5.	III	1	9	2	-3	+9	-17
6.	III	3	9	4	+2	+3	-3
7.	IV	2	10	3	+7	-5	-3
8.	IV	4	10	5	+2	+12	-6
					+33	+36	-8

Lauf	Blatt: D-Menge		Spalte: T-Menge		Matchingwertungen Direkt	Verschiebung A	B
Dritte Serie							
Zweiter Teil							
1.	I	2	9	3	-3	+16	+1
2.	I	4	0	5	0	+6	+6
3.	II	1	10	2	-2	-3	-8
4.	II	3	10	4	+2	+4	-1
5.	III	2	10	3	+2	+6	-2
6.	III	4	10	5	-5	+21	-9
7.	IV	1	10	2	-6	-16	-1
8.	IV	4	10	5	-7	0	+10
					-19	+34	-4

Vierte Serie: T-Spalten nacheinander genommen; Auswahl von zwei D-Spalten durch Zufallszahlen bestimmt.

Erster Teil							
1.	V	1	10	2	-8	-4	+3
2.	V	3	10	4	-14	+5	-7
3.	VI	2	10	3	+4	-8	+3
4.	VI	4	10	5	+3	+9	+1
					-15	+2	0
Zweiter Teil							
1.	V	2	10	3	-8	+1	-5
2.	V	4	9	5	-4	-1	-4
3.	VI	1	9	2	+3	+7	-7
4.	VI	3	10	4	+12	+6	+5
					+3	+13	-11

Zusammenfassung

	Matchingwertungen		
	Direkt	Verschiebung	
		A	B
Erste Serie			
Drei Läufe	+12	+10	+11
Dritte Serie, erster Teil			
Acht Läufe	+33	+36	-8
Dritte Serie, zweiter Teil			
Acht Läufe	-19	+34	-4
Vierte Serie, erster Teil			
Vier Läufe	-15	+2	0
Vierte Serie, zweiter Teil			
Vier Läufe	+3	+13	-11
Summe:	+14	+95	-12

$$C.R._A = \frac{95}{34,5} = 2{,}75 : p < 0{,}007$$

Als beste von drei Zählungen, $p_A < 0{,}02$.

Eine Zahlenspalte, genannt D-Ziffern, wurde per Zufall gewählt und einem Block von zehn zufällig ausgewählten Spalten derselben Seite gegenübergestellt. Dieser Block hieß T-Menge, der für die D-Spalte entsprechend D-Menge. Die direkten Matchingwertungen wurden wie folgt festgestellt:

D-Spalte			T-Menge			Wertung
3	33	26	16	80	45	(2)
4	27	07	37	07	51	(0)
5	13	55	38	58	59	(4)
9	57	12	10	14	21	(0)
3	06	18	44	32	53	(2)

In der gesamten Reihe ergab sich mit diesen Werten keine besondere Signifikanz, aber genau wie Soal gab ich nicht auf, sondern prüfte die ganze Reihe auch noch auf Verschiebungswerte. Diese wurden wie folgt festgestellt:

						Verschiebungswerte	
D-Spalte			T-Menge			A	B
3	33	26	16	80	4	–	(1)
4	27	07	36	07	51	(1)	(0)
5	13	55	38	58	59	(1)	(1)
9	57	12	10	14	21	(1)	(0)
3	06	18	44	32	53	(0)	–

Bemerkenswert ist, daß sich der Überschuß an positiven Werten bei der Verschiebung A über die ganze Reihe hinweg zu einer massiven Signifikanz ausbildet.

Eine Reihe (die zweite) von 16 Durchgängen wurde ausgelassen, weil der Autor sie nicht mehr gegenprüfen konnte und sie unstimmig sein soll. Die vorläufigen A-Werte für diese Reihe ergaben +47, was die Signifikanz des Ganzen erheblich steigerte, sofern es ungefähr zuträfe.

Als drittes Beispiel für in randomisierten Daten entdeckte nichtinduktive Signifikanz wähle ich Orams interessantes Experiment mit den Zufallszahlen von Babington Smith. Ich gebe hier Orams Artikel mit meiner Erwiderung ungekürzt wieder.

A. T. Oram: Ein Experiment mit Zufallszahlen[1]

Am 25. Juli 1953 brachte *Nature* einen Beitrag von G. Spencer-Brown mit der folgenden bemerkenswerten These (Band 172, S. 154): „Ich kann nachweisen, daß statistisch signifikante Ergebnisse, wie jene der Experimentalpsychologie, schlicht dadurch erreichbar sind, daß man unter den veröffentlichten Tabellen von Zufallszahlen eine Auswahl so vornimmt, als ob diese selbst die Daten psychologischer Forschungsexperimente wären."

Zwar scheinen die entsprechenden Beweise noch nicht publiziert zu sein, der Autor hat aber seit Juli 1953 in Rundfunkgesprächen und Vorträgen immer wieder kritische Bemerkungen dieser

1 *Journal of the Society for Psychical Research* 37, 1954, S. 369.

Art gemacht. Deshalb wünschte man sich konkrete Ergebnisse aus einer möglichst umfassenden Prüfung der „Wertigkeiten" publizierter Zufallszahlen, die unsere Gesellschaft letzthin mit Hilfe von rund 55 Mitgliedern durchgeführt hat.

Die heute längste verfügbare Zufallsfolge stammt von M. G. Kendall und B. Babington Smith.[2] Ihre insgesamt hunderttausend Ziffern, in hundert Tausenderblöcke unterteilt, wurden von den beiden Urhebern reihenweise und diagonal auf Zufälligkeit geprüft. Ihr Maßstab für die Häufigkeit des Auftretens eignet sich jedoch genauso gut, wenn man eine andere Reihenfolge wählt. Jeder Tausenderblock besteht aus zwanzig Paaren von Spalten mit je 25 Ziffern, welche Anordnung sich auch für die von Spencer-Brown angeführten Experimente eignet: Man faßt die Zahlen in der ersten Spalte jedes Paares als Tips beim Kartenraten, die in der zweiten als die tatsächlichen Kartenwerte. Die „Wertungen" wurden in zweierlei Hinsicht vorgenommen. In Serie A wurde der „Tip" mit dem „Ziel" verglichen, in Serie B jedoch mit dem nächsten „Ziel" als Äquivalent von Plus-Eins-Verschiebungen in ESP-Experimenten. Benutzt wurde stets das ganze Buch, so daß dabei keine Selektion stattfand. Persönliche Einflüsse auf die Resultate waren möglichst zu vermeiden.

Zwar ist es vergleichsweise einfach, Wertungen von den Druckseiten des Buches zu übertragen, doch auf die Dauer strengt es extrem an. Deshalb wurde die Arbeit, Wertungen für die 50 000 Paare der Serie A und weitere 48 000 der Serie B (hier geht pro 25er-Spalte einer verloren) in 25 Sektionen mit je vier Tausenderblöcken aufgeteilt. Ich bat fünfzig Mitglieder der Gesellschaft brieflich, je zwei für diesen Zweck vorbereitete Wertungsbögen (A und B) auszufüllen. Auf diese Weise wurden alle Ergebnisse doppelt geprüft, indem man erst die entsprechenden Wertungsbögen miteinander verglich und dann die von den beiden Personen unterschiedlich mitgeteilten Werte prüfte und korrigierte.

Die Ergebnisse stimmen ausnahmslos mit der allgemein anerkannten Wahrscheinlichkeitstheorie überein, zeigen keinerlei Tendenz, dem Wertungsmuster erfolgreicher ESP-Experimente zu folgen, sieht man von dem leichten Verfallseffekt in den unten beigefügten Tabellen ab.

2 *Tables of Random Sampling Numbers*, Cambridge University Press, 1939.

Die Gesamtwertungen für das ganze Experiment lauten wie folgt:

		Serie A	Serie B (Mit Plus-Eins-Verschiebung)
1.	Anzahl der Tests	50 000	48 000
2.	mittlere Zufallserwartung	5 000	4 800
3.	faktische Werte	5 029	4 735
4.	Abweichung von der mittlere Zufallserwartung	+29	65
5.	Standardabweichungen	67	65

Unten sind die einzelnen Ergebnisse detailliert zusammengestellt. Bei der Wertung einer 25er- (in Serie B 24er-) Spalte beträgt die mittlere Zufallserwartung 2,5 (bzw. 2,4), wobei die tatsächlichen Werte zwischen 0 und 10 liegen; die Häufigkeit des Auftretens der einzelnen möglichen Werte für die zweitausend Spalten jeder Serie wurde mit ihrer mittleren Zufallserwartung verglichen. Unten wird gezeigt, daß die faktisch erreichten Häufigkeiten kaum, gewiß aber nicht signifikant, von den errechneten, theoretischen Erwartungen abweichen.

	Serie A		Serie B	
Wertung	faktische Häufigkeit	mittlere Zufallserwartung	faktische Häufigkeit	mittlere Zufallserwartung
0	141	143,6	163	159,5
1	380	398,8	456	425,4
2	555	531,8	523	543,6
3	463	453,0	430	442,9
4	264	276,8	264	258,4
5	120	129,2	120	114,8
6	53	47,9	27	40,4
7	19	14,4	12	11,6
8	3	3,6	4	2,7
9	1		1	
10	1	0,9 (9, 10, über 10)	0	0,7 (9, 10, über 10)
über 10	0		0	
	2 000	2 000,0	2 000	2 000,0

	Serie A	Serie B
Wert des Chi-Quadrats	5,3	8,5
Wahrscheinlichkeit eines solchen Wertes	0,6	0,3

Anmerkung: Bei der Errechnung des Chi-Quadrats wurden Werte über 7 stets zusammengefaßt.

Eine weitere Prüfung der Zahlen ist erreichbar, indem man mehrmals Gesamtwertungen vom Anfang bis zum Ende jeder Serie bildet. Dieser Versuch hätte zum Beispiel auch so angelegt werden können, daß man nur die erste Hälfte oder einen anderen Teil der Tabelle benutzte, so daß man wenigstens wissen möchte, ob eine andere Reihenfolge der Spalten signifikante Abweichungen von einer Zufallswertung ergäbe. Deshalb wurden die Wertungen jeder Serie bis Nummer 10 000 (9 600) in Gruppen von 500 (Serie B 480) und ab da bis zum Ende in solchen von 1 000 (960) übertragen, was einen Wert von sechzig Punkten pro Serie ergab. In keiner der Serien wich die Gesamtwertung auch nur annähernd signifikant von der mittleren Zufallserwartung ab. Die Höchstwerte für t (den „kritischen Quotienten") sind:

Höchstwerte für *t* nach *n* Prüfungen

	n	*t*
Serie A	44 000	1,03 (+)
Serie B	12 480	1,19 (+)
	13 440	1,03 (+)
	34 560	1,18 (–)

An allen weiteren 115 Punkten für die Gesamtwertung beider Serien liegt die Abweichung von der mittleren Zufallserwartung unter dem Standard.

Offenbar schlichen sich bei einigen Versuchen auf die Dauer signifikante Verfallseffekte in die Wertungen ein, nicht nur auf die ganze Serie bezogen, sondern sogar im Rahmen einzelner Spalten oder Blätter, deren Resultate ansonsten erhebliche interne Abweichungen aufweisen mochten. Hier wurde die Frage, ob innerhalb einer der beiden Serien des dargestellten Experimentes wesentliche pauschale Einbußen auftreten, oben ausführlich behandelt und dabei gezeigt, daß die Gesamtwertungen stets deutlich in den Grenzen der mittleren Zufallserwartung lagen. Allerdings bleiben Rückläufe und andere Sondereffekte in den Wertungsbögen noch zu erforschen.

Prüfung der Verfallseffekte

Serie A

Untergruppen	Spalten 1	2	3	4	Summen	Mittlere Zufallserwartungen	Abweichungen	Standardabweichungen
1	259	246	271	265	1 041	1 000	+ 41	30
2	269	251	161	224	1 005		+ 5	
3	257	263	257	243	1 020		+ 20	
4	231	264	251	226	72		– 28	
5	251	251	246	243	991		– 9	
Sum.	1 267	1 275	1 286	1 201	5 029	5 000	+ 29	67
MZE	1 250				5 000			
Abw.	+ 17	+ 25	+ 36	– 49	+ 29			
SA	33,5				67			

Serie B

1	251	283	225	240	999	960	+ 39	29,4
2	246	247	249	229	971		+ 11	
3	226	219	237	220	902		– 58	
4	242	262	203	218	925		– 35	
5	253	233	222	230	938		– 22	
Sum.	1 218	1 244	1 136	1 137	4 735	4 800	– 65	66
MZE	1 200				4 800			
Abw.	+ 18	+ 44	– 64	– 63	– 65			
SA	32,9				66			

Serie A und B zusammen

Untergruppen	Spalten 1	2	3	4	Summen	Mittlere Zufallserwartungen	Abweichungen	Standardabweichungen
1	510	529	496	505	2 040	1 960	+ 80	42
2	515	498	510	453	1 976		+ 16	
3	483	482	494	463	1 922		– 38	
4	473	526	454	444	1 897		– 63	
5	504	484	468	473	1 929		– 31	
Sum.	2 485	2 519	2 422	2 338	9 764	9 800	– 36	94
MZE	2 450				9 800			
Abw.	+ 35	+ 69	– 28	– 112	– 36			
SA	47				94			

Chi-Quadrat Test der oben dargelegten Daten

	Freiheitsgrade		*Serie A*	*Serie B*	*A + B*
Die 20 Ziffern im Rumpf jeder Tabelle	19	χ^2	13,6	26,6	23,4
		P	0,8	0,1	0,2
Spaltensummen	3	χ^2	3,5	7,8	7,8
		P	0,3	0,05	0,05
Zeilensummen	4	χ^2	2,8	6,2	6,5
		P	0,6	0,19	0,16

Daher wurden die Daten auf Gesamtverfall und sonstige Effekte (i) in und (ii) zwischen den vier Spalten der Wertungsbögen überprüft. Die drei vorstehend aufgeführten Tabellen enthalten die Resultate für die Serien A und B, einzeln wie auch zusammengenommen.

Jede Tabellenspalte summiert die Posten in der betreffenden Spalte aller relevanten Wertungsbögen, und jede Zeile zeigt die Wertungen für ein Fünftel (das heißt vier von zwanzig Einträgen) der Spalten in der entsprechenden Position von oben nach unten. Die 263 in der ersten Tabelle etwa sind gebildet aus der neunten, zehnten, elften und zwölften Wertung (17., 18., 23. und 24. Spalte der gedruckten Zufallszahlen) in der zweiten Spalte sämtlicher 25 Wertungsbögen der Serie A.

Angemerkt sei, daß der Chi-quadrierte Wert für die Spaltensummen der Serie B ziemlich hoch liegt und *P* gleich 0,05 ist. Dieser Chi-quadrierte Maßstab erscheint jedoch aus zwei Gründen etwas unfair. Erstens läßt er die Zeichenprogression – also genau das Wesen des Verfallseffekts – außer acht, was in diesem Fall den Indizien für einen Verfallseffekt besonderes Gewicht beilegen dürfte. Zweitens dagegen dürfen wir nicht übersehen, daß die Zeilen und Spalten der ersten und zweiten Tabelle vier Mal unabhängig voneinander geprüft wurden und man bei derart eigenständigen Maßstäben fast sicher auf Resultate stößt, die für sich genommen signifikant erscheinen.

Die hundert Spalten der Wertungsbögen hatten prinzipiell nicht die Folgenfolge der hundert Tausenderblöcke gedruckter Zufallsziffern, weil immer zwei auseinanderliegende Buchseiten (Blöcke 1 und 2, 11 und 12 usw.) mit je fünf Wertungsbögen verschickt wurden, dann die dazwischen (Blöcke 3, 4, 5, 6–7, 8, 9, 10–13, 14, 15, 16 usw.) mit jedem der verbleibenden Zwanzig. Diese Reihenfolge wurde wegen der Anordnung des Buches gewählt – gewiß wären auch andere möglich gewesen, doch sobald man irgendwie vom Aufbau des Buches abweicht, sind zumindest theoretisch sehr viele Reihenfolgen denkbar, wovon manche vermutlich sehr ungewöhnliche Resultate ergäben, vergliche man ihre summierten Spaltenwertungen. Bringt man die Daten jedoch wieder in die „Buchreihenfolge", so verschwinden die offenkundigen Einbußen zwischen den Spalten. Die Einzelheiten stellen sich wie folgt dar:

	Spalten				Summen
	1	2	3	4	
Serie A	1 243	1 243	1 310	1 233	5 029
Serie B	1 185	1 219	1 169	1 162	4 735

Die Chi-quadrierten Werte sind 3 und 1,6, die Werte von *P* lauten 0,4 und 0,6, bei drei Freiheitsgraden.

Die Untergliederung der Spaltendaten in fünf Folgen wird durch die Abfolge der Spalten nicht beeinträchtigt.

Leider begann die Suche nach möglichen Verfallseffekten erst, als der Entwurf dieses Berichts über die restlichen Daten schon fertig war, so daß nicht mehr genügend Zeit blieb, um die Herkunft der in diesem Abschnitt erzielten Resultate genauer zu prüfen. Ich hoffe, das noch nachholen zu können, obwohl es kaum Grund zu der Annahme gibt, daß diesen offenkundigen, aber kaum signifikanten Einbußen irgendeine wesentliche Bedeutung zukommt.

Die Möglichkeit unbemerkter Fehler

Obwohl alle Wertungsbögen in doppelter Ausfertigung ausgefüllt und miteinander verglichen wurden, könnten einzelnen Mitwirkenden hier und da Fehler unterlaufen sein. Die wahrscheinliche Häufigkeit von unbemerkten Fehlern ist für jeden Satz Wertungsbögen kalkulierbar, wenn man die jeweils tatsächlich entdeckte Fehlerzahl zugrundelegt und berücksichtigt, daß nur zusammen auftretende, ähnlich geartete Fehler (meist eine um 1 zu geringe Wertung) unbemerkt bleiben. Aus solchen Berechnungen ergibt sich eindeutig, daß verborgene Fehler nur eine äußerst geringe Rolle spielen.

In Serie A wurden jedoch die drei Sätze von Wertungsbögen mit den meisten entdeckten Fehlern (das heißt 3 von 25) voll durchgeprüft, um die wichtigsten Fehlerquellen dieser Serie auszuschalten, doch es kamen nur drei hinzu. Bei weiteren Kontrollen dieser Art wären die Korrekturen wahrscheinlich immer geringer ausgefallen, da die aufgespürte Fehlerzahl in den restlichen Wertungsbögen immer mehr sank, was auf größere Sorgfalt beim Ausfüllen hinweist.

In Serie B wurde nur ein Satz voll durchgeprüft, was jedoch keine unbemerkten Fehler zutage förderte. Da ihre Gesamtwertung ohnehin unter der mittleren Zufallserwartung liegt und unten nachgewiesen wird, daß unbemerkte Fehler die Wertung fast sicher noch steigern würden, wäre allenfalls mit einer (leicht) verminderten negativen Abweichung zu rechnen. Deshalb erschien es in dieser Phase nicht angebracht, die Wertungen der Serie B weiter zu prüfen.

Kurze Angaben zu Fehlbewertungen

Von hundert Bögen mit je achtzig einzelnen Spaltenwertungen wiesen drei so viele Mängel auf, daß besondere Umstände vorgelegen haben müssen. In einigen weiteren Fällen waren die Wertungen offenkundig bloß falsch eingetragen (etwa verschoben). In der folgenden Bilanz blieben die drei erwähnten Wertungsbögen und die speziellen Fehler unberücksichtigt, während die anscheinend typischen Wertungsfehler genau analysiert wurden.

Am häufigsten wurde der richtige Wert um eins unterschritten. Von insgesamt 371 Fehlern beruhten nur 16 auf Überbewertung, und davon fanden sich allein 4 in einem Wertungsbogen der Serie B (viermal 2 statt 1 eingetragen). Weitere 3 der 16 entfielen auf einen zweiten Helfer, doch die übrigen 9 verteilten sich auf 9 Personen.

Die Fehlerarten lassen sich wie folgt zusammenfassen:

Richtiger Wert		*Serie A*		*Serie B*	
Unterschritten um	1	147	86%	168	84%
"	2	18	11%	19	9%
"	3	0		2	
"	4	1		0	
			3%		7%
Unterschritten um	1	2		10	
"	2	2		2	
		170	100%	201	100%

Die Fehlerquoten der jeweiligen Ebenen richtiger Spaltenwertungen wurden errechnet. Einzelheiten folgen nachstehend.

Fehlerquoten (a) pro tausend Fälle jeder richtigen Spaltenwertung und (b) pro tausend Einzelwertungen

Richtige Spaltenwertung	*Serie A*		*Serie B*	
	(a)	*(b)*	*(a)*	*(b)*
0	0	–	6	–
1	10	10	32	32
2	32	16	47	23
3	46	15	54	18
4	105	26	83	21
5	96	19	113	23
6 und mehr	81	13	92	14
alle	44	18	51	23

Aus eigener Erfahrung mit Zahlenwertungen weiß ich: Wenn die Summe pro Spalte steigt, muß man sich zwar (i) pro Spalte an mehr erinnern, aber (ii) das Gedächtnis ist in immer kürzeren Abständen zu aktivieren. Abgesehen von den Gedächtnisproblemen fehlt eine klare Linie, doch in den beiden (*b*)-Spalten oben scheint kein Trend davon zu zeugen, daß außer diesem einfachen Mangel irgendein starker Faktor am Werk wäre.

Die aus der Basis von 371 errechnete durchschnittliche Fehlerquote berücksichtigt, daß alle Wertungen zwei Mal vorgenommen wurden. Da jedoch drei Bögen nicht in die Daten dieses Abschnitts über Fehler einbezogen wurden, ergibt sich eine Quote von 371 zu 18 932 – also knapp zwei Prozent.

Diese Ausführungen über Fehlerquellen wurden gemacht, weil sie als Leitfaden für wahrscheinliche Schwächen anderer Experimente dienen könnten; im vorliegenden Fall wurden alle Fehler korrigiert.

Weitere Angaben zum Verfahren

Die folgenden Anmerkungen zum Verfahren sollen den Überblick der ersten Abschnitte näher erläutern.

(i) Die Helfer wurden von Frau E. M. Horsey in Zusammenarbeit mit Frau K. M. Goldney ausgewählt.

(ii) Die Mitwirkenden wurden nicht über den Zweck des Experiments unterrichtet.

(iii) Jeder Mitarbeiter bekam einen von Frau Goldney und A. T. O. unterzeichneten Brief mit mindestens einer Seite aus dem Buch der Zufallsziffern und zwei Wertungsbögen.

(iv) Beim Versand der Ziffern wurden die Adressen sortiert in solche aus London und solche aus anderen Orten, damit die beiden identischen Ausfertigungen möglichst an zwei Personen aus verschiedenen Zonen gehen konnten. Zumindest sollten sie weit voneinander entfernt wohnen.

(v) Da die Adressaten nicht vorbereitet wurden, stand zu vermuten, daß einige von ihnen aus diesen oder jenen Gründen nicht mitwirken wollten oder konnten. Doch die Beteiligung war ausgezeichnet; ohne irgendwelche „Mahnungen“ ergab sich folgende Bilanz:

Verwendbar ausgefüllt und zurückgeschickt	42
Ausgefüllt zurückgeschickt, aber mißverstanden	1
Unausgefüllt zurückgeschickt	2
Nicht zurückgeschickt	5
	50

(vi) Weitere acht Mitglieder wurden gebeten, die acht (das heißt die oben erwähnten 1, 2 und 5) fehlenden Wertungen zu übernehmen, und sie alle schickten ihre Bögen „verwendbar ausgefüllt zurück".

(vii) Alle Prüfungen und Korrekturen besorgte A. T. O.

(viii) Die Originalunterlagen können auf Absprache im Sekretariat der Gesellschaft eingesehen werden.

(ix) Im Begleitschreiben wurde erklärt, daß Wertung und Vergleiche etwa eine Stunde dauern würden, aber mehrere Helfer schrieben, daß sie deutlich länger brauchten. Die anfängliche Schätzung hatte auf zwei Kurzdurchläufen beruht, doch aufgrund dieser Meldungen füllte A. T. O. im Rahmen der Prüfung erneut einige Bögen aus und maß die genaue Zeit jedes Arbeitsganges. Er blieb stets unter einer Stunde pro Satz bei durchschnittlicher Fehlerquote. Um aber gegenüber den Mitgliedern, die sich beklagten, fair zu bleiben: In der Schätzung von einer Stunde war keine Prüfung der Angaben berücksichtigt. Von den ersten fünfzig Formularsätzen kam einer ganz fehlerfrei zurück und sechs enthielten nur einen Fehler. Da sich die Mitglieder beim Ausfüllen so viel Mühe gaben, wurde die Last der Prüfung erheblich gemindert.

Danksagung und Konklusion

Allen voran danke ich Frau Goldney für ihre Hilfe bei der Planung des Experiments, das jedoch nicht hätte durchgeführt werden können ohne die freundlichen Beiträge vieler Mitglieder der Gesellschaft. Da ich nicht jedem einzelnen ausführlich schreiben konnte, möchte ich sie alle herzlich bitten, meinen Dank für ihre Mitwirkung auf diesem Wege anzunehmen. Gewiß war die Arbeit langweilig, aber hin und wieder müssen wir uns – zumal angesichts gewisser Kritiken – ganz simpel faktisch daran erinnern, daß unsere statistischen Methoden verläßliche „Zufallsergebnisse" hergeben, auch wenn Psi-Phänomene keine Rolle spielen. Hier brachten 98 000 Versuche (sieht man von der Möglichkeit eines kleinen und statistisch wahrscheinlich nicht signifikanten Verfallseffekts ab) in jeder Hinsicht geprüfte *echte Zufallsresultate*. Alle Ziffern wurden verwendet und alle Tests mit den hier dargestellten Resultaten durchgeführt.

Leserbrief zu „Ein Experiment mit Zufallszahlen"[1]

Sir, mit Freude sah ich, daß ein Autor nicht die Mühe scheute, einige Zufallszahlen zu prüfen, wobei ich es für besonders günstig halte, daß der neue Test an den von M. G. Kendall und B. Babington Smith veröffentlichten Tabellen durchgeführt wurde. Meine Versuche beruhten auf Zahlen teils von Sir R. A. Fisher, teils von Tippett, so daß wir nach der Publikation meiner Ergebnisse Vergleichsdaten über die drei meistbenutzten Tabellen von Zufallsziffern besitzen werden.

Augenscheinlich geht Orams Studie (*Jnl. S. P. R.* 37, 1954, S. 369) teilweise darauf zurück, daß sich die Publikation meines Materials verzögerte. Wie dem auch sei, ich möchte Oram als erster zu seinem wohlgeplanten Experiment und dazu gratulieren, daß er die Daten so schnell veröffentlichen konnte. Doch leider scheint er, ebenso wie Coover, eines der wesentlichen Merkmale seiner Resultate übersehen zu haben.

J. G. Pratt bemerkte zu den Daten des Psychokinese-Tests „Duke PK" (*J. Parapsychol.* 13, 1949, S. 11): „Da Verfallseffekte *abwärts* und *schräg* über die Seite auftraten, mußten die Wertungen am stärksten auf der Diagonalen von links oben nach rechts unten abweichen – so daß sie in der quadratischen Diskriminanzanalyse jedesmal bewertet wurden." Auf Seite 12 seines Aufsatzes stellt er die Rangfolge der Seitenviertel in den geschilderten Psychokinese-Experimenten – von den höchsten bis zu den niedrigsten Wertungen – wie folgt dar:

1 *J. Soc. Psych. Res.* 38, 1955, S. 38.

1. oben links
2. unten links
3. oben rechts
4. unten rechts

Zwar läßt sich bei den von Oram angegebenen Vergleichswerten nicht beurteilen, wie die Seiten im einzelnen unterteilt waren, wenn wir jedoch den dritten Rang auslassen, ist eine Annäherung möglich. In den verbundenen Gesamtwertungen beider Serien, A und B, finden wir in den vier Unterteilungen folgende Abweichungen von der mittleren Erwartung:

1. oben links	+ 92
2. unten links	+ 27
3. oben rechts	+ 4
4. unten rechts	– 121

Damit entspricht die Rangordnung der Viertel, nach Wertungstrends, genau den PK-Daten der Duke University. Zwar ist das an sich schon beachtlich, da sie „zufällig" nur mit einer Wahrscheinlichkeit von $1 / P_4^4 = 1/24$ auftreten würde – noch erstaunlicher ist das Resultat aber, wenn wir der bei PK-Daten üblichen Praxis folgen und prüfen, ob zwischen den Wertungen im linken oberen und im rechten unteren Viertel eine signifikante Abweichung vorliegt. Hier sinkt der Wert um 213 in der erwarteten Richtung, was einen kritischen Quotienten von mehr als 3,58 ergibt. Der entsprechende *p*-Wert liegt – benutzt man nur ein Verteilungsende – bei unter $1/5\,000$. Ein quadratischer Diskriminanztest (QD) allein mit Serie B zeitigt noch bedeutsamere Resultate – nämlich erheblich bessere (oder schlechtere) als alle, die sich bei meinen eigenen Zählungen ergaben. Überdies wurden bei QD-Vergleichen schon viel kleinere kritische Quotienten angeführt, um Auswirkungen der Psychokinese zu beweisen (vgl. etwa McConnell, *Utrecht Conference Report* Nr. 7). Insofern stützen Orams Resultate kaum seine Ansicht, daß „unsere statistischen Methoden verläßliche ‚Zufallsresultate' hergeben, auch wenn Psi-Phänomene keine Rolle spielen".

Abgesehen davon, daß Orams interessanter Versuch meine anfängliche Vermutung bestätigt, möchte ich eine weitere Lehre aus ihm ziehen, die er schlagend veranschaulicht: Ein Experimentator kann, je nach verfolgten Zielen, ohne zu betrügen – allein durch die Art, wie er seine Daten darstellt – dazu beitragen, die Signifikanz spezieller Trends zu maximieren oder minimieren. Oram wollte vermutlich keine signifikanten Verfallseffekte finden und kam in seinen Schätzungen auf eine Signifikanz von $p = 1/20$, die jedoch leicht unterbewertet sein könne. Hätte er dagegen auf eine Abnahme gehofft, so wäre ihm wahrscheinlich jedes Mittel recht gewesen, um seine Schätzung der Signifikanz um gut das 250fache zu erhöhen.

Abschließend noch ein Wort dazu, wie Orams Daten demnächst erklärt werden könnten. Er selbst behauptet zwar, daß „Psi-Phänomene keine Rolle spielen", doch andere mögen weniger nüchtern sein. Wer emotional oder in sonstiger Weise zu ESP-PK-Hypothesen neigt, könnte glauben wollen, daß die Spalten mit signifikanten Verfallseffekten per ESP in die angemessene Reihenfolge gebracht wurden oder daß Babington Smiths Randomisator während Orams Experiment sogar durch rückwirkende Psychokinese beeinflußt wurde. Die Daten widerlegen derartige Hypothesen nicht, entsprechen ihnen sogar lückenlos. Doch solche Erklärungen werden immer komplizierter und stehen zudem plausibleren Alternativen im Wege, die sich neuerdings geradezu anbieten.

G. Spencer-Brown
Christ Church,
Oxford

Inzwischen hat Fraser Nicol nachgewiesen[2], daß dieser beachtliche Verfall der quadratischen Verteilung signifikanter ist als *alle* vergleichbaren Phänomene in den psychokinetischen Experimenten von Professor Rhine und seinen Helfern. Doch Rhine hat ihn – trotz der offenkundigen Bedeutung für sein Arbeitsfeld – bislang im *Journal of Parapsychology* nicht erwähnt.

Der allmähliche Verfall einer ausgeprägten Wertungstendenz während eines Experiments ist damit erklärbar, daß sich eine Verzerrung im Randomisator (wofür auch der ganze Versuchsaufbau stehen mag, vgl. mein Pseudo-Experiment mit den Fisher-Tabellen) langsam verändert. Nicht so leicht läßt sich jedoch erklären, daß

2 J. Fraser Nicol, *J. Soc. Psych. Res.* 38, 1955, S. 80.

Wertungen *innerhalb einzelner Versuchseinheiten* wiederholt absacken, obwohl das in der Experimentalpsychologie weitverbreitet ist und inzwischen auch bei randomisierten Daten auftrat, die ohne jede psychologische Absicht kompiliert wurden. Offenbar neigt die Verzerrung des Randomisators dazu, sich periodisch zu verändern, wobei die Periode irgendwie in den Rhythmus einer beliebigen Versuchseinheit gezogen wird. Meiner Ansicht nach entspricht diese Tendenz dem Randomisierungskontext – ist also nicht durch psychokinetische oder sonst okkulte Phänomene bedingt, auch wenn wir das nicht genau erklären können.

Mein abschließendes Beispiel für erheblich verzerrte randomisierte Daten bildet jene Standardreihe, die Soal bei seinen Rateversuchen mit Frau Stewart benutzte. Hier ergab sich, wie er berichtet[3], ein hoch signifikanter Mangel an *ABA*-Mustern. Leider hat er die genaue Zahl bisher weder publiziert noch auf meine schriftlichen Anfragen mitgeteilt. Daher muß ich mich ganz auf Gerüchte verlassen, wonach das Defizit noch viel signifikanter ist als seine signifikantesten Ergebnisse mit Frau Stewart. Dagegen wendet er ein, das Fehlen von *ABA*-Mustern beeinträchtige nicht die Signifikanz ihrer Antworten – doch darum geht es nicht. Vielmehr steht fest, daß wir hier erneut eine unerklärbare hochgradige Signifikanz in randomisierten Daten haben.

Aufgrund ihrer *hohen Signifikanz* sollen die Ratewertungen klar von Telepathie zeugen, wohingegen Resultate von *gleicher oder größerer Signifikanz* bei den randomisierten Daten gezielt *vertuscht* werden. Etwa, weil man *sie nicht* im Sinne von Telepathie deuten kann? Wie man sie auch begreift (Soal *vermutet*, daß die Zahlen nicht seinen Anweisungen entsprechend vorbereitet wurden), sie bilden offenbar ein weiteres Glied der Beweiskette für meine These: Sobald man zu randomisieren versucht, schleichen sich signifikante Verzerrungen ein und können ihre Signifikanz stark ausbauen, bevor sie bemerkt werden. Warum sie also das eine Mal auf überwältigende Telepathie zurückführen, das andere Mal indes als pure statistische Vorgaben oder simple Fehler des Betreibers abtun – wo es sich doch anböte, immer die gleichen Gründe heranzuziehen?

Jetzt könnten wir fragen, warum gerade die Experimentalpsychologie darunter leidet, wenn uns der Wahrscheinlichkeitskontext

3 S. G. Soal/F. Bateman (1954): Modern Experiments in Telepathy. London.

derartige Streiche spielt – weshalb sind andere Wissenschaften nicht genauso stark betroffen? Die Antwort fällt leicht, wenn das psychologische Experiment (wie ich vermute) ein abartiger Forschungszweig ist, da jeder zulässige Versuch, der eine nicht bestehende Tendenz beweisen soll, aufgrund seiner inneren Logik in die pure Wahrscheinlichkeit entarten muß. Genau darin hat die Null-Hypothese ihren Sinn. Zudem hat nie jemand bezweifelt, wie schwierig es in der Praxis ist, bei langen Wahrscheinlichkeitsexperimenten Null-Ergebnisse irgendeiner Art zu erzielen, was ich im XII. und XIV. Kapitel auch theoretisch begründet habe. Überdies sind reguläre wissenschaftliche Versuche, bei denen sich keine reale (das heißt stabile) Tendenz feststellen läßt, vergleichsweise selten – wahrscheinlich hat jeder natürliche Kontext eine innere Verzerrung *irgendeiner* Art, die *größer ist als* jede innere oder vergängliche Verzerrung der benutzten Randomisierungsmethode. Wenn dem so ist, dürfte sich die innere Verzerrung des natürlichen Kontexts schnell in einer zunehmend signifikanten und *nachweislich wiederholbaren* Abweichung bei den Matchingwertungen zeigen. In den seltenen Fällen, daß der natürliche Kontext nicht stärker verzerrt ist als der Randomisator, wird sich eine Null-Hypothese wie folgt darstellen. Bei kurzen Experimenten sollten die Matchingwertungen mit etwas Glück allenfalls schwach signifikant sein; bei längeren hingegen müßte ein wachsamer Forscher, der einen Randomisator mit Feedback benutzt, nicht signifikante Wertungen erhalten. Bei sehr langen Experimenten treten indes wahrscheinlich immer statistisch signifikante Matchingwertungen auf, deren Signifikanz nur dadurch von Verzerrungen im natürlichen Kontext abgrenzbar sein wird, daß sie sich mit keinem anderen Randomisator wiederholen lassen.

Ich führe also die Häufung statistischer Eigentümlichkeiten in der Experimentalpsychologie darauf zurück, daß natürliche Verzerrungen dort meist gegenüber denen des Randomisators unterliegen. Dabei ist auch zu bedenken, daß die Psychologie als einzige aktuelle Wissenschaft seit sechzig Jahren nach irgend etwas von höchst ungewisser Existenz sucht, ohne bisher fündig geworden zu sein. Falls das Gesuchte zufällig nicht existierte, hätte sie faktisch sechzig Jahre lang nichts als reine Wahrscheinlichkeiten erforscht – mit den entsprechenden Folgen für die Signifikanz: Nicht besser oder schlechter als solche Fiktionen immer schon waren, hätte sie einen beachtlichen Beitrag zu unserem experimentellen Bild der nackten Wahrscheinlichkeit geleistet, und dafür müßten wir besonders den modernen Seelentüftlern danken.

Erläuterungen

Zu Kapitel II

Wir können über das Rätsel unseres Universums spekulieren, bis wir schwarz werden, doch das Mysterium bleibt. Später nenne ich einen logischen Grund dafür, warum es sich durchsetzte.

Die Idee eines soliden Universums verdanke ich Lord Weymouth. Das Nichts-Universum dürfte ich selbst erfunden haben. Jedenfalls kann der Versuch, das ganze Universum darzustellen, nur in Enttäuschung enden, weshalb wir solche Erklärungen nicht ernster nehmen sollten als ein schönes Gedicht oder eine musikalische Kadenz. Kosmologen, die von Berufs wegen Welterklärungen liefern, sind unsere modernen Märchenerzähler: Sie poetisieren die Astronomie und Astrophysik.

Die Frage „Wann ist etwas bewußt?" scheint ganz einfach analytisch beantwortbar zu sein. Voraussetzung ist stets der Bezug auf *etwas*, wobei es aber nicht genügt, daß man ein Verhalten als Reaktion auf jenes Etwas interpretieren kann, denn das wäre lediglich Empfinden oder Fühlen. Etwas kann nur dann als *bewußt* gelten, wenn sich sein Verhalten auf Nachbildungen oder *Modelle* von Objekten zurückführen läßt, die seine späteren Reaktionen zumindest teilweise bestimmen. Damit etwas selbstbewußt oder introspektiv werden kann, muß es nur ein Modell der eigenen Modellbildungsfähigkeit bilden können. Warum sollten dazu nicht auch Maschinen in der Lage sein?

Zu Kapitel III

Es ist grob vereinfachend zu sagen, Argument (2) sei Ausdruck des induktiven Verfahrens. Genauer lautet das Argument:

Wenn bislang alle Schwäne weiß waren,
dann werden alle weiteren Schwäne weiß sein.

Hierbei erkennt man sofort die Form der Extrapolation. Das Gesetz der Gleichförmigkeit ergibt sich durch Verallgemeinerung:

Wenn bislang alle Etwasse soundso waren,
dann werden auch alle künftigen Etwasse soundso sein.

Da dies aber offenkundig nicht zutrifft, kann es auch kein solches Gesetz geben.

Zu Kapitel IV

Ich halte weder die wissenschaftliche noch die mystische Redeweise für *überlegen;* welche die bessere ist, hängt allein vom jeweiligen Zweck ab. Um nach Neuschottland zu segeln, stütze ich mich auf die Hypothese der kugelförmigen Erde und wähle einen Großkreis. Möchte ich aber bloß einen Rasentennisplatz ausmessen oder den Ärmelkanal überqueren, so betrachte ich die Erde als flach oder eben – daher der (meist mißverstandene) Ausdruck „Plansegeln".

Es wäre abwegig, solche Hypothesen als absolut richtig oder falsch anzusehen. Plansegeln ist sehr gut für Kurzstrecken geeignet, wenn aber die Komplexität bei wachsenden Entfernungen steigt, kommt man in die Höhen der sphärischen Navigation.

Ähnlich kann die wissenschaftliche Redeweise völlig fehl am Platze sein, um einen Menschen Selbstbeherrschung zu lehren. Dafür stärkt man besser seinen Glauben, stabiler zu sein als es scheint, so daß sich dies schließlich bewahrheiten kann. Die östliche Philosophie, eher mystisch als wissenschaftlich orientiert, setzt zwar ganz auf die individuelle Selbstbeherrschung, ist jedoch machtlos gegenüber kaum beherrschbaren, objektiven Phänomenen. Wo Wissenschaftler von einer Beständigkeit objektiver Phänomene ausgehen, beherrschen sie eher diese als sich selber. Mir ist allerdings nicht klar, weshalb wir unsere Kontrolle gerade auf die Idee der Beständigkeit stützen wollen: Wenn wir uns die Herrschaft nur vorstellen, dann fällt die Erklärung defintionsgemäß leicht – aber vermutlich haben wir dabei mehr im Sinn.

Sofern wir das Problem der Induktion im Sinne des Wiedererkennens auffassen, haben wir es nicht *gelöst,* sondern lediglich *aufgelöst* in einer Sprache, die es nicht zuläßt. Auf diese Weise können wir uns immer rein sprachlich aus Schwierigkeiten befreien, was indes jedesmal neue Schwierigkeiten erzeugt: Nun liegt das Hauptproblem im Prozeß des Wiedererkennens. Dergleichen ist unumgänglich, denn wir wissen ja, daß keine Sprache alles zugleich beschreiben kann. Der Prozeß des Beschreibens kommt nie an ein Ende: Je besser wir etwas kennen, desto vielfältiger können wir es beschreiben.

Zu Kapitel VII

Denker wie Sir Harold Jeffreys und Rudolf Carnap deuten sogar mein Wissen um den starken Wunsch des Mr. X, den anderen Gast zu sehen, im Sinne der Wahrscheinlichkeit. Genau wie Braithwaite lehne ich dieses Konzept von „Wahrscheinlichkeit" in der Wissenschaft ab und spreche statt dessen von „Plausibilität". Dabei ist es wieder etwas anderes zu erlauben, daß unsere Urteile über die Plausibilität von Hypothesen beeinflussen, welche Signifikanz wir den sie stützenden Beobachtungen beimessen.

Zu Kapitel VIII

Hier sind drei relevante Begriffe zu erwähnen: Ordnung, Zufall und Chaos. Die Folge „1111111111" ist geordnet, die Folge „1000110101" zufällig, die Folge „10xTπ6♂g*@" dagegen chaotisch.

Geordnete Reihen unterliegen klaren Regeln, wonach wir Voraussagen auf den bisherigen Verlauf stützen können. Zufallsreihen gestatten nur begrenzt Prognosen; zum Beispiel können wir in unserer zweiten Folge voraussagen, daß die nächste Zahl keine 2, aber nicht, ob es eine 1 oder eine 0 sein wird. In chaotischen Reihen wissen wir gar nichts über das nächste Ereignis. Wie zu sehen, ähneln bis in alle Ewigkeit fortgesetzte Zufallsfolgen darin den chaotischen, daß bei endlos anwachsenden Komplexen immer wieder neue Ereignisse möglich wären. Ein wichtiger Unterschied ist allerdings, daß Zufallsreihen eine gewisse unausweichliche Ordnung aufweisen. Wenn etwa einzelne Ereignisse nicht geordnet wirken, so müssen eben die Komplexe eine Ordnung zeigen – erscheinen die Ziffern einer binären Zufallsreihe ungeordnet, dann ruht die Ordnung etwa in den Zehnerkomplexen, als Kombinationen betrachtet. Die Kombination aus fünf Einsen und fünf Nullen wird viel häufiger sein als neun Einsen und eine Null. Wenn wir dagegen die letzteren Komplexe genauso wahrscheinlich machten, dann könnten wir die einzelnen Ereignisse voraussagen.

Die „Gesetze des Zufalls" betreffen gar nicht wirklich den Zufall, sondern die nicht-zufälligen Implikationen von Zufallsereignissen. Soweit ich weiß, hat J. M. Robertson – in seinem brillanten Brief über den Zufall[1], worin er sich leider von Empörung hinreißen läßt und seine Argumente zum Aspekt der langen Serien falsch formuliert – als einziger Philosoph der letzten hundert Jahre klar erkannt, daß es keine „Gesetze des Zufalls" gibt.

Zu Kapitel X

Wenn ich im Beweis des Matchingtheorems sage, hiermit würden jene Fälle von Formel (7) selektiert, in denen sowohl σ als auch $\frac{w^2\sigma^2}{w-1}$ ganze Zahlen sind, so ist das eine zu starke Einschränkung. Antony Hoare hat mir nachgewiesen, daß s gebrochene Werte haben kann. Zum Beispiel hat die aus nur einem Glied bestehende binäre Reihe genau die kritische Verzerrung ½.

Bei der zweiten Lektüre dieses Kapitels stellt sich mir die Frage, inwieweit mathematische Aussagen erhellend wirken können. Welchen Sinn hat es, einen Ausdruck mit einem ganz anderen gleichzusetzen? Ich glaube, daß ihre unterschiedlichen Formen verschiedene Aspekte dessen hervorheben, was wir betrachten wollen. Wenn Burns schreibt „Ein Mensch ist wegen Dingsda ein Mensch", so besagt sein Satz nur insofern etwas, als „Mensch" jedesmal einen anderen Aspekt betont. Wer den Schraubenzieher als ein Werkzeug definiert, das aus einem Metallstab mit abgeflachtem Ende besteht, der sagt vielleicht nur: Ein Schraubenzieher ist ein Schraubenzie-

1 J. M. Robertson (1902): Letters on Reasoning. London.

her; fehlt uns aber gerade einer, wäre erstere Definition nützlicher (ein Metallstab mit abgeflachtem Ende). Wird die Arbeit aufgehalten, weil es keinen Schraubenzieher gibt, so hilft es nicht weiter zu sagen, daß ein Schraubenzieher ein Schraubenzieher ist. Doch aufgrund der Umschreibung als ein abgeflachtes Werkzeug könnten wir leicht über ein Ersatzwerkzeug nachdenken – etwa ein Messer oder einen Meißel. Mit den verschiedenen Arten, das gleiche zu sagen, betont man also unterschiedliche Aspekte einer Sache. Wo mathematische Formeln das Gleichheitszeichen enthalten, paaren wir demnach gewisse Ideen, um sie auf beiden Seiten *hervorzuheben*.

Zu Kapitel XII

Meine Kritik am Mißbrauch des Bernoullischen Theorems soll jedoch nicht davon ablenken, wie brillant der ursprüngliche Gedanke James Bernoullis selbst war. Mit einem Problem der mathematischen Logik konfrontiert, fand er die im Sinne des benutzten Kalküls richtige Lösung. Ich bezweifle auch nicht, daß sein Ansatz einige Probleme der Wahrscheinlichkeitsrechnung löst. Verwirrung stiftet nur, daß man seine Methoden unkritisch anwendet.

Weder kreiden wir Newton an, daß er die seltsamen metaphysischen Inhalte seiner Idee der Gleichzeitigkeit übersah, noch werfen wir seine Mechanik komplett über den Haufen, nur weil Einsteins Modell in mancher Hinsicht einfacher ist. So verwerfen wir auch nicht den ganzen Bernoullischen Grenzwertsatz, nur weil er auf dem seltsamen metaphysischen Konzept der *wahren Wahrscheinlichkeit* basiert. Kein Systematiker kann alle künftigen Eventualitäten vorwegnehmen, also kommt für jedes System einmal die Zeit, da es zumindest in manchem Bereich als irreführend zurückgewiesen wird. Unsere Eitelkeit will dies zwar eher später als früher geschehen lassen, aber oft ist es eine Sache des Glücks.

Zu Kapitel XIII

Nicht nur ich beklage die unkritische Anwendung des Bernoullischen Theorems. Keynes[2] machte ähnliche Einwände geltend, die

2 J. M. Keynes (1921): A Treatise on Probability. London.

ihn zu dem Schluß führten, das Theorem sei nur in den wenigsten Fällen streng anwendbar.

Keynes' Mahnung scheint ungehört verhallt zu sein, und offenkundig nahm er sie auch selbst nicht sehr ernst, denn im gleichen Kapitel zählt er die einzelnen Versuche auf, Gesetze des Zufalls empirisch zu beweisen. Doch obwohl fast alle zitierten Ergebnisse fernab von dem liegen, was aufgrund solcher Gesetze zu erwarten wäre, bemerkt er nicht den interessanten Zusammenhang mit seiner subtilen Kritik am Bernoullischen Satz. Befremdliche Serien beim Würfeln, Roulette usw. betreffen, wie er schreibt, „nicht die Theorie oder Philosophie des Zufalls, sondern nur die materiellen Formen der Werkzeuge, mit denen man experimentiert". Wenn aber Serien von Zufallsereignissen nicht für die Wahrscheinlichkeitstheorie relevant sind, warum soll dann die Wahrscheinlichkeitstheorie für Zufallsereignisse relevant sein? Damit möchte ich nicht bezweifeln, daß Keynes' Bemerkung für die klassische Theorie weitgehend zutrifft. Allerdings glaube ich, daß Keynes selbst und seine Nachfolger die ganze Tragweite seiner Einsicht gar nicht erkannten.

Um die Berechnungen der klassischen Theorie zu korrigieren, müssen wir zwei zusammenwirkende Regeln bedenken. Die erste nenne ich das „Gesetz der Verzerrung": Keine Reihe läßt sich übermäßig strecken. Daraus folgt zweitens das „Gesetz der Koinzidenz": Wir müssen die Wahrscheinlichkeit von Koinzidenzen in jedem Fall um einem Faktor multiplizieren, der davon abhängt, wie rigoros wir das Gesetz der Verzerrung anwenden: Je strenger das Gesetz der Verzerrung, desto häufiger die Koinzidenzen. Doch diese sind ja nur Beispiele dafür, daß die Streckung wie eine Verzerrung aussieht und nach dem Gesetz der Verzerrung auch als eine solche beurteilt wird. Wiederholt sie sich später nicht, so bildet sie ein Hemmnis dafür, das Gesetz der Verzerrung streng anzuwenden. Der Kontext ist somit selbstregelnd, und manchmal hängt alles von einem optimal strengen Kriterium dafür ab, Streckung in Verzerrung zu verwandeln.

Ein interessanter praktischer Trugschluß lautet: Sobald eine Reihe einen Zufälligkeitstest besteht, sinkt die Wahrscheinlichkeit, daß sie beim nächsten durchfällt, und entsprechend weiter, auf mehrere voneinander unabhängige Tests bezogen. Man sieht schon nach kurzer Überlegung, daß diese Analogie zu induktiven Argumenten unzulässig ist. Ihre praktische Geltung beruht allein darauf, daß die meisten Zufälligkeitsmaßstäbe eben *nicht voneinander unabhängig* sind. Zum Beispiel waren alle vier eigenständigen Maßstäbe, die Kendall und Babington Smith anwandten, für Elementarverzerrung anfällig. Wenn aber Zufälligkeitstests wirklich eigenständig wären, dann läge auf der Hand: Je mehr von ihnen eine Reihe besteht, desto geringer ist ihre Chance beim nächsten. Denn je mehr Anordnungen wir verbieten, desto wahrscheinlicher müssen wir feststellen, daß sich die Reihe, der nur endlich viele Anordnungen offenstehen, auf eine verbotene Weise angeordnet hat.

Im praktischen Umgang mit Folgen können wir manchmal nicht sauber unterscheiden, was aperiodisch und was unvollständige Periode ist. Daher beurteilen wir meist beides als „zufällig". Doch vollkommene Aperiodizität ist extrem selten, wenn sie überhaupt in natürlichen Folgen auftritt. Insofern ist anzunehmen, daß mit wachsender Länge immer weniger Folgen auftreten, die wir „zufällig" nennen dürften. Das ist ein Aspekt des in Kapitel XV beschriebenen „schrumpfenden Feldes".

Zu Kapitel XIV

Hierzulande dürfte niemand die Erzeugung von Zufallszahlen besser beherrschen als Babington Smith, und ich möchte betonen, wie viel ich aus den zahlreichen Diskussionen mit ihm gelernt habe.

Zu Kapitel XV

Er hat mich auf ein besonders heftig schrumpfendes Feld aufmerksam gemacht, den Fall nämlich, daß man Signifikanzwahrscheinlichkeiten mit der Anzahl eigenständiger Tests multipliziert, denen die Daten unterzogen wurden. Hierzu gehört auch das Beispiel im Anhang „Zur Praxis", wo ich den *p*-Wert der „A"-Ergebnisse mal 3 nahm, weil ich mit denselben Daten zwei weitere Tests durchführte.

Eine praktische Faustregel lautet, Signifikanzwahrscheinlichkeiten mit der Anzahl gestellter Fragen zu multiplizieren, wobei es keine Rolle spielt, ob sie vor oder nach der letztlich ausschlaggebenden signifikanten Frage kommen. Dieses Verfahren ist zwar nicht völlig korrekt, weil dadurch aufgrund der Anzahl möglicher

Fragen nur die unwahrscheinlichsten Antworten eine Wahrscheinlichkeit kleiner als 1 annähmen; aber nach einem einfachen mathematischen Eingriff läßt sich, bei hinreichend vielen gestellten Fragen, jedes Resultat zur totalen Belanglosigkeit absenken, indem man seinen *p*-Wert so lange multipliziert, bis er eins erreicht.

Oft wird versucht, das tückische Schrumpfen des Feldes (in dessen Umkreis sich aller Müll der „Vergangenheit" auftürmt) einzudämmen, indem man die zulässigen Fragen strikt begrenzt und jede genauere Prüfung verbietet, um nicht wiederholbare Resultate zu „retten" – doch so betreibt man keine Wissenschaft. Diese ist ein Spiel, in dem es um Signifikanz geht: Eine Partei versucht, Signifikanz zu annullieren, indem sie weiterfragt; die andere kontert mit neuen Experimenten. Genau wie Schachspieler übernehmen Wissenschaftler oft beide Seiten selbst.

Die Wiederholung wissenschaftlicher Ergebnisse dient zwei Zwecken. Erstens hemmt sie alternative Fragen, die ihre Signifikanz mindern könnten; zweitens steigert jede gelungene Wiederholung tendenziell die Signifikanz, die solche Fragen abbauen sollen. Damit haben wir einen Wettlauf zwischen Fragen und Resultaten. *Gültig* sind solche Ergebnisse, die gegen alle Fragen bestehen. Die beständige, etwas langweilige Wiederholung berühmter Experimente an den Schulen und Universitäten läßt sich im Sinne dieses Wettlaufes um Signifikanz rechtfertigen.

Wir können also praktisch nicht unterscheiden zwischen Phänomenen, die kaum beherrschbar oder nachweislich wiederholbar, und solchen, die rein zufällig sind. In der Regel tragen jedoch beide Arten von Vorkommnissen so wenig zur Steigerung der Signifikanz bei, daß sie angesichts wiederholter Hinterfragungen ins Anekdotische abgleiten müssen.

Zum Anhang I – Über Wunder

Manche meinen, da er ein statistisches Gesetz sei, könne sogar der Zweite Hauptsatz der Thermodynamik versagen. Es bestehe eine (sehr geringe) Chance, daß ein Wasserkessel auf dem Feuer einfriere. Wie jedoch Eddington ausführte[3], darf man dergleichen niemals

3 Sir Arthur Eddington (1935): New Pathways in Science. Cambridge.

glauben. Sofern wir das Gesetz der Verzerrung anwenden, bekommen wir immer eine alternative Hypothese.

Fröre der Kessel auf dem Feuer tatsächlich ein, so könnten wir das als ein Wunder und ein Mysterium betrachten – wobei sich Mysterien nur durch Wiederkehr lösen. Ereignisse, die man nie (oder nur ganz selten) wiederkehren lassen kann, werden mysteriös. So erzeugt das Zusammenfassen aller Ereignisse ganz automatisch etwas Mysteriöses – nämlich das logisch unlösbare Mysterium des Universums.

Die Idee, daß zwei Zufallsgeneratoren rhythmische Perioden bilden, also in der Matchingreihe abwechselnd hohe und niedrige Wertungen erzeugen können, stammt ursprünglich von Babington Smith. Ich habe dazu den Gedanken beigetragen, daß alle Randomisatoren prinzipiell gleich sind, zuverlässiger allerdings jene weniger stabilen, deren Reihen aus Matchingwertungen stammen. Doch auch sie können extrem verwirrende Resultate liefern, wenn irgendwo eine Informationsblockade auftritt.

Ein Ziel des Aberglaubens besteht darin, bei Glückssträhnen eine Informationsblockade zu setzen. So sagen wir: „Bisher ging alles gut" und *klopfen auf Holz*. Dieses Ritual soll von dem ungewissen Erfolg ablenken, den Gedanken daran gefährden könnten. Außerdem wirkt der Aberglaube wie ein Leitfaden, um zwischen gleichermaßen reizvollen oder abschreckenden Alternativen zu entscheiden. Vor einer Leiter, die uns den Gehweg blockiert, müssen wir wählen: Gehen wir darunter hindurch und lassen uns mit Farbe bespritzen oder außen herum und werden überfahren. Eine möglichst simple Faustregel soll uns die Qual der Wahl ersparen. Gewisse Höflichkeitsformen werden aus ganz analogen Gründen eingehalten – sie entlasten uns dafür, über interessantere Schwierigkeiten nachzudenken.

Zum Anhang II – Zur Praxis

Als mir Oram freundlicherweise erlaubte, seinen Text abzudrucken, bat er mich, auch seine folgenden Kommentare zu meiner Erwiderung anzufügen. Oram schrieb:[1]

1 *J. Soc. Psych. Res.* 38, 1955, S. 40.

Sir, ich bin Herrn Spencer-Brown sehr dankbar für das Exemplar seines Leserbriefes. Bei meiner Erwiderung darauf muß ich zunächst den Hintergrund meines „Experiments mit Zufallszahlen" schildern.

... Deshalb wollte ich ein Experiment durchführen, um einige Tests mit den bekannten veröffentlichten Zufallszahlen vorzunehmen, wie sie Spencer-Brown in der zitierten Passage seines *Nature*-Artikels angedeutet hat.

Nun erfordert ein solches Projekt offenkundig drei Hauptelemente:

(i) einen Experimentator;
(ii) die zu prüfenden Zufallszahlen;
(iii) einen Versuchsaufbau.

Der Aufbau wird gewöhnlich vom Experimentator bestimmt, und obwohl es zahlreiche Einschränkungen gibt, stehen in diesen Grenzen viele Möglichkeiten offen, unter denen er eine wählen muß. (Ich übergehe in dieser Analyse aber bewußt das Modell, da es für die folgenden Argumente keine Rolle spielt.)

Nach Abschluß des Experiments sind die Resultate in verschiedener Hinsicht analysierbar, beleuchten etwa:

(*a*) die Natur der Zufallszahlen;
(*b*) die Natur des Versuchsaufbaus;
(*c*) das Resultat einer Entscheidung des Experimentators (etwa den Versuchsaufbau für die Darstellung der Resultate abzuwandeln).

Der Einfluß von (*b*) und (*c*) bleibt meist äußerst gering, weil das ganze Ziel des Projekts auf (*a*) bezogen ist. Stellte sich heraus, daß man weder Zufallszahlen noch einen sonstigen klar definierten Gegenstand erforscht hat, sondern etwa ein kurioses Phänomen, das in die Sphäre von (*b*) eingedrungen sein könnte, so würde die Lage schwieriger, doch im Fall von „Ein Experiment mit Zufallszahlen" trat diese Komplikation nicht auf.

Fairerweise muß ich Spencer-Brown zugestehen, daß sich die eingangs meines Artikels zitierte Passage genauso gut auf ein Problem der Kategorie (*b*) beziehen könnte, da er jedoch die *Zufälligkeit* der Zufallszahlen so sehr betonte, wählte ich sie als Thema für mein Experiment.

Wenn wir die (im Artikel bereits angesprochene und unten nochmals erwähnte) Möglichkeit unbemerkter Fehler einmal außer acht lassen, so fallen die Gesamtwertungen (5 029 und 4 735) und die Verteilung der Resultate eindeutig in Kategorie (*a*). Sie standen im Mittelpunkt des Versuches. Der „kumulative Maßstab *t*" gehört fast ganz zu (*a*); zwar wurden die Daten in der Reihenfolge des Buches genommen, aber der Versuchsaufbau umfaßte auch Entscheidungen über die Positionen der sechzig Punkte jeder Reihe, an denen *t* gemessen werden sollte, was (*b*) ins Spiel brachte, wahrscheinlich aber in untergeordneter Rolle.

Hier verlief im ersten Textentwurf die Grenze der Ergebnisse, und in dieser Phase im August 1954 erwähnte Wassermann das Experiment in einem Rundfunkgespräch. Später drängte mich jemand, der meinen Entwurf gelesen hatte, noch die Möglichkeit eines Verfallseffekts zu prüfen, was im September geschah – gerade noch rechtzeitig vor Drucklegung.

Zwar fielen manche Resultate ab, wie die Tabellen im Text belegen, aber wir hielten die Abweichungen für nicht signifikant; ich hatte zwar kurz über das Absinken insgesamt – verglichen mit den Spalten- und Reihensummen – nachgedacht, dabei aber den äußerst signifikanten Effekt übersehen, auf den Spencer-Brown aufmerksam gemacht hat. Da quadratische Verteilungen aus den publizierten Tabellen nicht direkt ersichtlich sind, habe ich sie unterdessen in zwei Formen für die in dieser Hinsicht interessantere Serie B aufbereitet:

Quadratische Verteilungen in Serie B

Reihenfolge Wertungsbögen

1254	1188	2442
1208	1085	2293
2462	2273	4735

1254 – 1085 = 169

S.D.	46,48
t	3,64
p	1/7340

Buch-Reihenfolge

1225	1217	2442
1179	1114	2293
2404	2331	4735

1225 – 1114 = 111

S.D.	46,48
t	2,39
p	1/118

Anmerkung: Die vier Quadranten entsprechen keiner simplen Zeitfolge; die Bedeutung ist unten erklärt.

Zwar kann das Absinken in der quadratischen Verteilung einer simplen Zeitfolge entsprechen, wenn jeder Wertungsbogen bloß zwei Spalten hat, sind es aber vier und mehr Spalten, so hängt die Auswahl der einzelnen Posten ganz von der Gestaltung ab. Dabei korrespondieren das erste und das letzte Viertel der bei meinem Experiment gestellten Aufgabe mit der ersten und der vierten Spalte des Wertungsbogens. Während diese in Serie B einen ziemlich deutlichen Verfallseffekt zeigen, lagen die höchsten und auch niedrigsten Wertungen in der zweiten und der dritten Spalte.

Anhand der oben abgedruckten Zahlen scheint klar zu sein, daß der Effekt, auf den Spencer-Brown hinwies, überwiegend aus der Sphäre (*b*) stammt, also der Natur des Versuchsaufbaus. Hätte ich (i) die Blöcke nicht in einer besonderen, von der des Buches abweichenden *Reihenfolge* angeordnet, wäre die starke Abnahme um 169 vermutlich nicht eingetreten, und (ii) die Daten nicht in *Spalten* angeordnet, so wäre dieses spezielle Muster nicht ans Licht getreten.

Kurz, obwohl die festgestellten Einbußen sehr seltsam sind, frage ich mich, ob sie nicht mehr über Einflüsse von Phänomenen aus der Sphäre (*b*) besagen als über die Eigenarten von Zufallszahlen. Ich würde zwar gerne versuchen, dem spalteninternen Verfall in meinen Wertungsbögen (dem blockinternen im Buch) auf den Grund zu gehen, frage mich aber, ob der Zeitaufwand lohnen würde. Wozu müssen wir wissen, was herauskäme, außer um unsere Neugierde zu befriedigen? Ich weiß zwar nicht definitiv, ob unbemerkte Fehler den seltsamen Effekt erklären könnten, aber aller Wahrscheinlichkeit nach ließe sich nur ein Bruchteil der Gesamtabnahme auf sie zurückführen.

A. T. Oram
Purley, Surrey